지구와 우주를 기록하다

PHOTOGRAPHS FROM THE ARCHIVES OF

NASA

E A R T H + S P A C E

PREFACE *by* BILL NYE

TEXT *by* NIRMALA NATARAJ

TRANSLATION *by* S.L. Park

토성의 광시야각 모자이크 사진

이 아름다운 토성의 역광 촬영 이미지는 NASA의 카시니호가 2013년 7월 19일에 4시간에 걸쳐 촬영한 323개의 이미지를 조합한 것이다. 이 이미지에는 토성의 고리, 위성 7개 그리고 우주를 배경으로 희미하게 보이는 작은 점인 지구가 담겨있다.

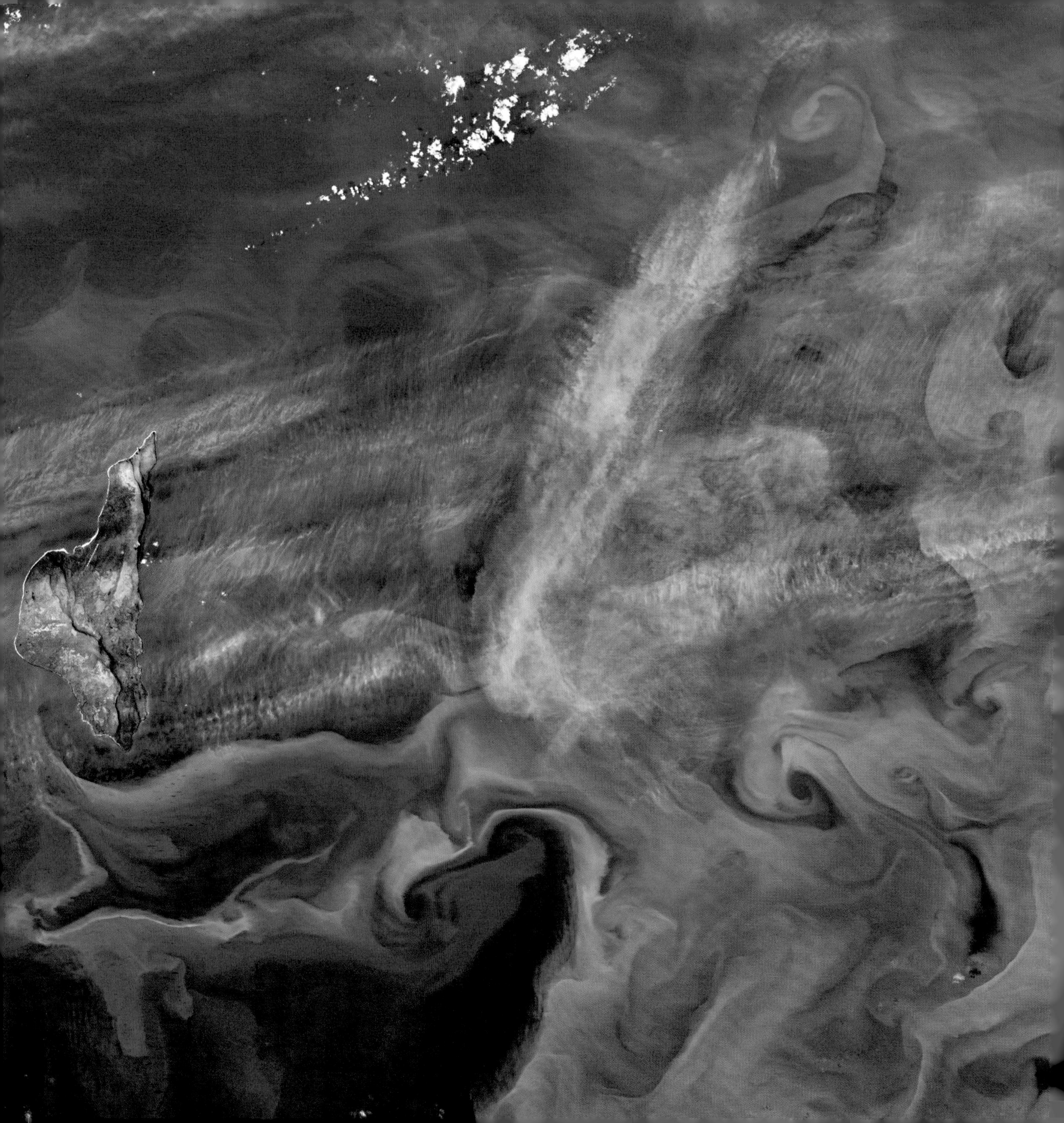

식물성 플랑크톤의 번식

2014년 9월, 랜드샛 8호 위성에 탑재된 지상 촬영 장비로 촬영한 이 화려한 색상의 이미지는 알래스카의 프리빌로프 섬 근처에 있는 베링해에서 식물성 플랑크톤이 번식하는 모습을 담고 있다. 식물성 플랑크톤은 물고기와 새에게 비옥한 서식지를 제공하는 미생물이며, 이 이미지상의 뽀얀 하늘색과 초록색으로 나타나 있다. 식물성 플랑크톤의 번식은 매우 연약하여 생태계의 온도, 비타민, 무기질, 포식자의 변화에 의해 충격을 받는다. 베링해에서의 식물성 플랑크톤 번식은 얼음이 물러나고 영양분이 수면과 가까워지는 봄에 증가하며, 물이 따뜻해지고 수생 동물이 식물성 플랑크톤을 먹는 여름에 줄어든다.

NASA
지구와 우주를 기록하다

초판 1판 1쇄 2019년 1월 10일
재판 1판 4쇄 2024년 8월 5일

ISBN 978-89-314-5965-4

발행인 김길수
발행처 (주)영진닷컴
등 록 2007. 4. 27. 제16-4189호
주 소 (우)08507 서울특별시 금천구 가산디지털1로 128 STX-V 타워 4층 401호
이메일 support@youngjin.com

저자 NASA, Bill Nye, Nirmala Nataraj
번역 박성래
총괄 김태경
기획 정소현
내지 디자인 임정원
내지 편집 김소연, 인주영
표지 디자인 인주영
영업 박준용, 임용수
마케팅 이승희, 김다혜, 김근주, 조민영
제작 황장협
인쇄 예림인쇄

CONTENTS

추천사

by Bill Nye

우리는 모두 하늘을 날고자 하는 꿈을 가지고 있습니다. 자유로이 날아다니며 산과 강, 숲, 사막과 바다의 풍경을 상상하기도 합니다. 하지만 땅 위에서만 날 수 있는 것이 아니라 지구 너머 아주 멀리 날아가 우리의 세계와 우주 저 깊은 곳까지 볼 수 있다면 어떤 기분이 들지 궁금하기도 합니다. 이 사진을 만든 사람들은 만화책에 나오는 영웅처럼 날아다니는 대신, 로봇 탐사선을 생각하고 만들어 여기에 카메라를 달아 풍경이 좋은 곳으로 보내 사진을 촬영하여 우리 선조들이 꿈속에서 상상만 할 수 있었던 광경을 볼 수 있게 했습니다.

우주에서 촬영한 사진은 매우 아름답고 그 광경은 놀라우며 우리에게 감동을 줍니다. 그 자체로도 예술 작품이지만 초상이나 풍경, 정물 사진과는 다르게 예술가가 혼자서 선견지명을 가지고 만들 수 있는 것은 아니며, 국가의 지원 하에서 일하고 있는 수천 명의 고도로 숙련된 엔지니어와 장인 그리고 탐험의 욕구와 발견의 즐거움을 느끼는 과학자들에 의해 창조된 것입니다.

우리 선조들은 아마도 지난 수십만 년 동안 하늘을 보고 있었을 것입니다. 하지만 왜 은하가 독특한 모습을 하고 있는지 이해하기 시작한 것은 불과 수백 년밖에 되지 않으며, 화성 표면에 로버를 보내 관찰한 것은 불과 10년, 그리고 토성 고리의 진짜 모습을 알게 된 것은 최근 몇 년간의 일입니다. 미국 항공 우주국 즉, NASA가 없었다면 이런 일은 불가능했을 것입니다. NASA에 대한 인지도와 존경심은 타의 추종을 불허하며, 이 책과 같은 서적에 들어간 놀라운 사진은 미국의 우주 탐사가 문화와 지속적으로 관련되어 있다는 증거라 할 수 있습니다.

이 책의 페이지를 넘길 때마다 각각의 이미지가 가지고 있는 아름다움의 진가를 알아주셨으면 합니다. 그리고 각 사진과 설명을 통해 천문학적 현상 너머에 있는 과학에 대한 호기심과 흥미를 느낄 수 있으면 더 좋겠습니다. 별은 왜 이런 우아한 무늬를 만들었고, 반사된 빛은 왜 우리 눈으로는 볼 수 없는 선명한 색상을 만들게 되었으며, 왜 이 물질은 모두 행성이 되고 특정한 지점에 위치하고 있을까요? 또한, 독자 여러분이 이 책에 실린 아름다운 이미지 제작에 기여한 엔지니어, 장인, 과학자들의 노력에 대해 잠시라도 생각해보는 시간을 가졌으면 합니다. 탐사선을 움직이는 작은 로켓 엔진에서부터 춥고 어두운 우주에서 광자를 추출하기 위한 커다란 렌즈까지, 모든 장비 하나하나를 우리의 이웃 천체로 여행을 떠나 지구로 이미지를 전송할 수 있는 뛰어난 탐사선의 성능, 사양, 시스템, 형태를 생각하는 사람들이 만들었습니다.

하늘에서 지구를 내려다보면 아래에 펼쳐진, 부서지기 쉬운 자연에 감사하게 됩니다. 이 책 "지구와 우주를 기록하다"를 통해 우리는 우리의 행성에서 높이 날아올라 깊은 우주 저 멀리 갈 수 있습니다. 특별한 탐사선을 만들고 날려 보낸 인류의 첫 세대인 우리가, NASA에서 수집한 우주 이미지를 볼 수 있다는 것은 참으로 운이 좋다고 할 수 있습니다. 우리가 계속해서 여행하고 탐험하고 발견하면서 놀라운 모습의 우주와 그 안에 있는 우리의 고향을 항상 자각할 수 있게 되기를 바랍니다.

| 오른쪽 |

허블 우주 망원경의 새로운 날개

이 이미지는 2002년 3월 9일에 디지털카메라로 촬영한 이미지로, 우주 왕복선 컬럼비아호에 탑승한 STS-109 승무원이 설치한 4개의 새로운 유연한 태양광 어레이 "윙스"를 뽐내며 지구 위를 떠다니고 있는 허블 우주 망원경의 인상적인 모습이 담겨 있다. 승무원들은 5회의 우주유영을 포함한 10일간의 임무 기간 동안 허블의 필수장비를 업그레이드하였다. 이전에 사용하던 태양광 어레이는 방사선과 우주 먼지에 의해 망가져 있었다. 허블의 새로운 날개는 이전보다 30%의 전력을 더 공급하면서도 극한의 온도에서 견딜 수 있는 성능을 지니고 있다. 또한, 이 임무에서는 이전보다 감도가 10배 높은 ACS(Advanced Camera for Surveys, 첨단 관측 카메라)를 설치하였다. 화각이 넓고, 보다 선명한 이미지 품질을 제공하며 가시광선은 물론 원자외선 정보도 수집할 수 있는 ACS는 은하의 중심부와 이웃한 항성계에 있는 천체의 모습을 더욱더 세밀하게 묘사한다.

서 문

by Nirmala Nataraj

140억 년 전, 빅뱅 이후 몇 초가 지난 뒤, 우주는 뜨거운 수소 이온과 헬륨 가스로 이루어진 플라즈마 방사로 가득한 주머니에 지나지 않았다. 시간이 지남에 따라 우주가 점차 차가워지고 팽창하면서 수소의 전자와 양성자가 재결합하였고, 전기적으로 중성을 띠게 된 수소는 기존에 있던 광자를 흡수했다. 그 결과, 우주의 여명을 비추던 빛은 점점 어두워졌다. 빅뱅 40만 년 후, 우주는 수억 년간 불투명한 어둠이 지배하는 암흑기로 접어들게 된다. 이 시기에 인간이 있었다면 육안으로 볼 수 있는 것은 아무것도 없었을 것이다.

결국, 진한 가스 안개는 빅뱅으로부터 남겨진 적외선으로 인해 희미하게 빛나기 시작하였고 은하의 형태를 형성하기 시작했다. 초기의 별과 퀘이사(빛과 에너지의 덩어리이며 현재 우주에서 가장 밝은 천체)가 가스로 이루어진 은하의 요람에서 탄생하면서 이들이 내뿜는 빛과 에너지로 인해 수소는 다시 이온화되었고, 우주 전체로 빛이 퍼져 나갔다.

암흑기가 끝나고 우주는 다시 빛나게 되었다.

우주에 있는 천체는 오랫동안 인류에게 중요한 의미가 있다. 행성, 별자리 그리고 은하는 예술, 문학 그리고 철학 이론 등 넓은 범위에 걸쳐 영감을 주었고, 인간 역사의 초기에 밤하늘에서 목격한 현상은 우리의 조상이 인류의 기원을 알고자 하는 욕망을 만족시키려 시도하면서 신화를 만드는 데 영향을 주었다.

우주에서 일어나는 현상을 기록하는 우리의 능력은 오래전에 고대의 천문학자들이 펜과 종이로 관측 내용을 기록하면서부터 시작되었지만, 눈으로 관측한 것을 데이터로 옮겨 적는 방법이 불명확하여 초기의 정보 기록 방법은 오류가 발생하기 쉬웠다. 하지만 사진 기술이 출현하면서 보다 정확하게 우주를 바라볼 수 있게 되었다. 1822년, 프랑스의 발명가 조세프 니세포르 니에프스가 광을 낸 양철판에 역청(석유 추출물)을 발라 항구적으로 유지되는 사진을 촬영하는 실험을 하였고, 1893년에는 천문학자 요한 하인리히 폰 매들러가 이 과정을 설명하기 위한 "사진(Photography)"이라는 단어를 만들었으며, 영국의 수학자이자 천문학자인 존 허셜에 의해 이 단어가 널리 퍼지게 되었다.

우주를 사진에 담는 천체 사진은 19세기 중반부터 본격적으로 시작되었는데 이때는 흑백 필름에 긴 시간 동안 노출을 주어 달과 별, 성운을 촬영하였다. 프랑스의 예술가이자 사진가인 루이 다게르는 1839년에 달을 찍은 최초의 천체 사진을 촬영하였다(하지만 운이 나쁘게도 이듬해 다게르의 연구실에 불이 나면서 사진이 소실되었다.). 이로부터 몇 년 지난 1844년, 프랑스의 물리학자인 레옹 푸코와 피조는 최초로 태양 사진을 촬영하였다. 사상 처음으로 인간은 우주를 정확하게 촬영한 사진을 손에 넣을 수 있게 된 것이며 방대한 우주는 더 이상 우리가 알 수 없는 공간이 아니게 되었다.

이후 백 년 동안 천체 사진 기술은 극적으로 발전하였다. 1887년에는 천체 사진용 망원경을 이용해 하늘을 넓은 시야로 촬영하여 하늘 지도를 만드는 20개의 천문대가 참여하는 프로젝트가 시작되었다(이 프로젝트는 그 당시 완성되지 못하였지만, 천문학자들은 밤하늘의 지도를 만드는 일을 계속 진행하였다.). 20세기 중반에는 미국 캘리포니아 팔로마 천문대에 있는 헤일 망원경과 새뮤얼 오스친 망원경으로 기록한 정보를 통해 대형 망원경으로 사진 촬영이 가능하다는 것을 밝혀냈다. 지구를 촬영하는 사진술이 계속 발전함에 따라, 사진은 폭풍의 예측이나 해양 및 환경에 있어서 새로운 발견을 이끌 수 있을 정도로 과학 분야에서 활용하기에 충분해졌으며, 마침내 과학자들은 모든 면에서 큰 그림을 얻게 되었다.

| 오른쪽 |

목성의 소용돌이

목성을 상징하는 이 이미지는 1979년에 보이저 1호가 촬영한 3장의 흑백 사진을 조합한 것이다. 목성의 고리와 위성의 복잡한 시스템의 자세한 정보를 얻는 것뿐만 아니라 대기의 난기류를 조사하는 것이 보이저 1호의 임무였다. 이 소용돌이는 목성 대기에 높이 떠 있는 구름이다. 잔잔해 보이지만 사실은 시속 644km 이상의 속도로 움직이고 있으며, 우리 지구보다 약 3.5배나 큰 폭풍을 만들기도 한다.

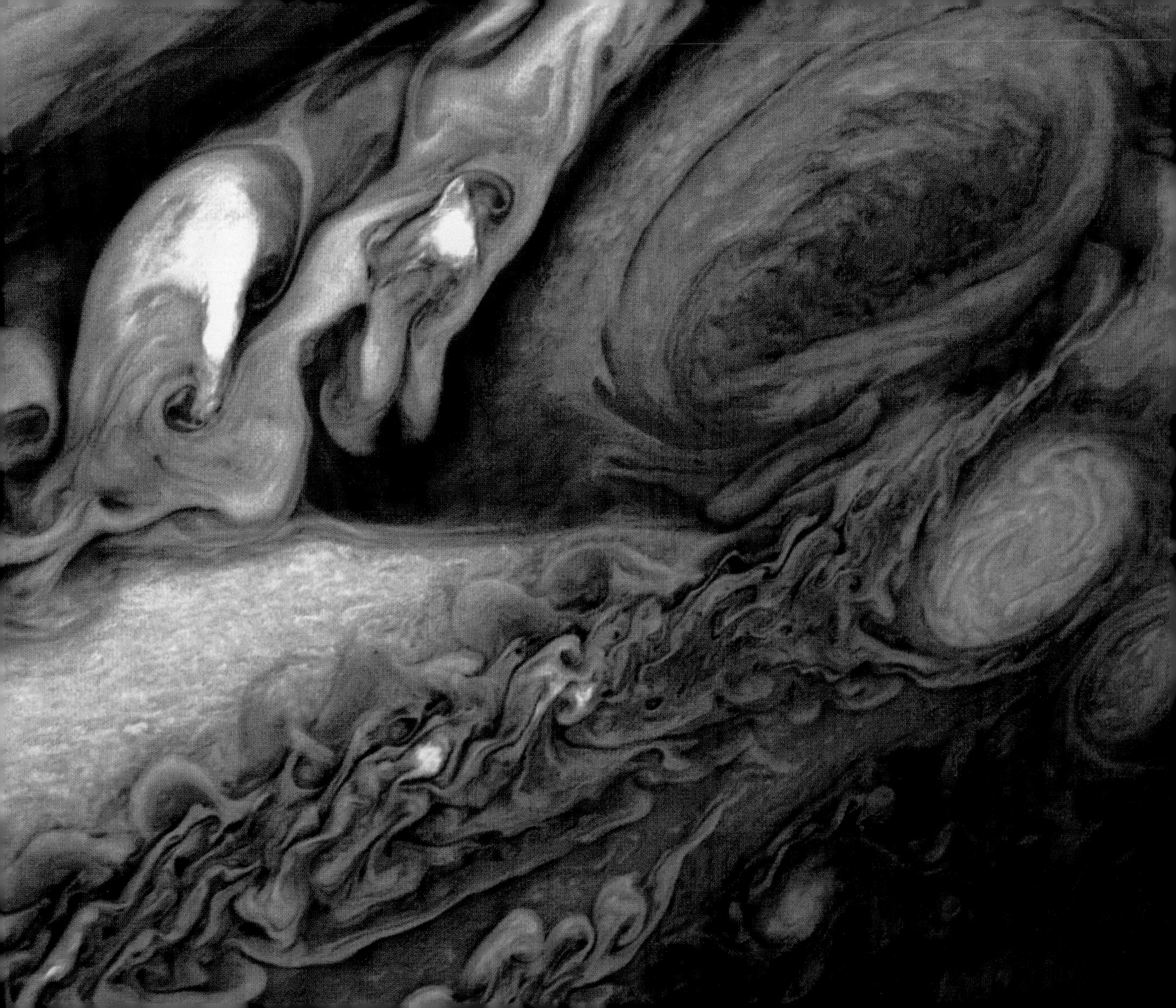

지구의 한계를 넘어서는 천체 사진을 찍는다는 우주 망원경에 대한 아이디어는 미국 예일 대학교의 연구원이었던 라이먼 스피처가 1946년에 최초로 제시하였다. 당시에는 지상에 있는 망원경으로는 X선, 감마선 그리고 다른 종류의 에너지 복사를 관측할 수 없었기 때문에, 스피처는 지구 대기의 영향을 받지 않는 궤도 망원경이 우리가 이해하고 있는 우주와 물리학에 엄청난 충격을 줄 것으로 생각하였다.

스피처의 선견지명은 수십 년 뒤에 미국 항공 우주국 NASA에 의해 현실이 되었다. NASA는 소련과 우주 경쟁이 한창이던 1958년에 창설되었는데, 당시에는 대륙간 탄도 미사일이 두 국가의 힘을 가늠하는 잣대였다. 미사일 개발을 통해 1957년 소련은 스푸트니크 인공위성을 발사하여 위성을 지구 궤도에 올린 최초의 국가가 되었고, 1958년에는 미국이 최초의 인공위성 익스플로러 1호를 발사하여 소련에 응답하였다. 그해 말에 미국의 대통령이었던 아이젠하워는 지구의 대기와 우주를 연구하는 국가 항공 우주법 창설에 서명하였다.

NASA의 초창기 사진은 커다란 우주선의 모습이나 발사 때의 불꽃의 모습, 우주비행사가 일상적인 일을 하는 모습을 담아 주로 상업적인 용도로 사용되었다. 우주비행사가 손에 들고 찍는 카메라로 촬영한 사진은 집에 있는 가족이나 친구에게 주는 기념품과 같이 순수한 취미 활동으로 간주하였다. 1962년에 존 글렌(지구 궤도에 올라간 최초의 미국인)은 우주로 올라갈 때 약국에서 구입한 안스코 오토셋 35mm 카메라를 들고 갔으며, 1965년 NASA가 제미니 계획을 시행하고 있을 때 우주비행사 에드 화이트는 자이스 콘타렉스 35mm 카메라를 들고 우주유영을 하면서 궤도에 떠 있는 우주선을 최초로 촬영하였다. 하지만 카메라 기술 수준이 더 높아지면서 NASA는 우주에서 찍는 사진을 더 중요시하게 되었다. 1960년대에는 아폴로 프로그램을 위한 선행 단계인 달 탐사선이 정확하고 선명한 수백만 장의 사진을 촬영하였다. 1969년, 아폴로 11호 임무에서 우주비행사들은 영화용 필름 카메라, TV 카메라와 달의 토양을 찍기 위해 특별히 제작한 입체 영상 클로즈업 카메라 등 다양한 종류의 카메라를 가지고 달로 떠났다. NASA의 사진이 우주에 대한 우리의 지식을 넓혀 주면서 우주에 속하는 우리 인류의 고향에 대한 이해도 급성장하였다. 우리의 시각적 상상은 더 이상 지구에 묶여 있지 않다.

이 책에 수록된 다수의 이미지는 허블 우주 망원경이 촬영한 것이다. 허블 우주 망원경은 미국의 천문학자 에드윈 P. 허블의 이름에서 따왔는데, 그는 우주가 빠르게 팽창하고 있다는 것을 증명한 연구의 초기 단계를 진행했다. 허블 우주 망원경은 1990년에 발사됐는데 불행하게도 이 망원경의 초기 활동은 여러 가지 문제로 얼룩져 있었다. 지구로 전송한 초기의 이미지는 흐릿하고 해석할 수가 없었던 것이다. 마침내 과학자들은 이 망원경의 주경의 가장자리가 너무 평평하게 되어 있어서 이미지가 왜곡된다는 것을 발견하였다. 이로 인해 1993년에 새로운 광학계가 설치되었고, 그 이후 여러 해에 걸친 수차례의 수리 임무를 진행하여 허블 우주 망원경의 성능이 극적으로 향상되었다.

커다란 거울을 갖춘 강력한 허블 우주 망원경은 인간이 볼 수 없는 빛을 잡아낸다. 허블 우주 망원경의 주경은 2.4m로, 지구에 있는 10m가 넘는 망원경에 비하면 작은 규모이다. 하지만 지구에 있는 망원경은 대기가 일그러뜨리는 별의 모습(우리는 이것을 "별이 반짝인다."고 표현한다.)을 보게 되는데 비해 허블 우주 망원경은 지구 표면에서 568km 떨어진 곳에 있어서 선명하고 또렷한 이미지를 보여 준다.

허블 우주 망원경은 97분마다 지구를 한 바퀴 돌고 있으며 초당 8km의 속도(10분 만에 미국의 동쪽 해안에서 서쪽 해안으로 갈 수 있는 속도)로 움직인다. 망원경이 우주를 떠다니는 동안 특별히 설계한 6개의 장비가 가시광선뿐만 아니라 이를 넘어서는 빛의 영역까지 계속해서 촬영한다. 광시야각 카메라 3은 근자외선과 가시광선, 근적외선 영역을 촬영하며(이 카메라는 지구에서 수백만 광년 떨어진 은하는 물론 암흑 물질과 암흑 에너지를 감지하는데 사용), 우주 기원 분광 측정기는 자외선을 감지하고 온도, 화학적 조성, 밀도 그리고 천체의 움직임에 관한 정보를 수집한다. 우주 망원경 화상 분광기는 블랙홀의 존재를 찾으며, ACS는 은하단의 변화를 감지한다. 그리고 근적외선 카메라와 다중 천체 분광기는 우주 먼지나 구름으로 가려진 천체를 보는 데 사용한다. 정밀 가이드 센서는 별의 위치를 측정하여 허블 우주 망원경이 항상 정확한 방향을 향하고 있도록 한다. 허블에 실려 있는 이러한 장비들은 눈에 보이지 않는 파장의 빛을 아름다운 이미지로 바꿔 준다(예전에는 허블 우주 망원경의 메인 카메라였던 광각 및 행성 카메라 2와 망원렌즈의 역할을 했던 희미한 천체용 카메라를 탑재하고 있었지만, 이 두 장비는 2002년에 ACS로 교체되었다.).

허블 우주 망원경이 촬영해서 지구로 전송한 이미지를 통해 우주에서 찾아보기 힘든 부분을 엿볼 수 있다. 초신성 폭발의 잔해, 암흑 에너지, 블랙홀 그리고 새로운 은하가 탄생하는 장면을 포함한 우리 우주의 가장 깊은 곳의 모습을 보여 준다. 허블 우주 망원경이 촬영한 이미지는 획기적인 발견을 위한 기초를 제공하였고 수백 년 동안 계속되었던 과학적 추측을 끝냈다. 허블 우주 망원경 덕분에 수십억 년의 천문학적 현상을 해독할 수 있었다.

허블 우주 망원경은 지구의 대기 위에 항상 얌전히 있는 것은 아니다. 결국, 허블 우주 망원경도 기능이 저하되고 점점 낡아간다. 허블 우주 망원경의 후속으로, NASA는 제임스 웹 우주 망원경을 준비하고 있다. 지구로부터 수백 km 위를 떠다니는 허블과는 달리, 이 망원경은 태양 밖 150만 km까지 떠다닌다. 6.5m 직경의 적외선을 관측하는 주경은 우주의 숨겨진 형상 대부분을 볼 수 있게 해줄 것이다. 또한, 웹의 강력한 망원경은 우리 태양계 밖에 있는 행성의 크기와 대기가 어떻게 구성되어 있는지 기록하여 다른 행성에 생명이 있을 가능성을 알아보게 될 것이다. 계획대로 진행된다면, 이 망원경은 2021년에 발사될 예정이며 우주로 발사한 가장 커다란 망원경이 될 것이다.

이 책에는 허블이 촬영한 이미지 이외에도 허셜 우주 망원경(유럽 우주국), 스피처 우주 망원경, 찬드라 X선 관측 위성, 그리고 광역 적외선 탐사 위성(WISE) 등의 다른 우주 망원경이 촬영한 이미지도 포함되어 있다. WISE는 적외선으로 천체를 관측하여 가시광선으로 볼 수 없는 차가운 별이나 아주 밝은 은하, 혜성이나 소행성 같은 어두우면서도 움직이는 천체를 포함한 수백만 개의 천체를 포착한다. 허블 우주 망원경, 스피처 우주 망원경, 찬드라 X선 관측 위성은 NASA의 4가지 우주 천문대 프로그램 중 3개에 해당한다(네 번째는 콤튼 감마선 관측 위성으로 현재는 운용하지 않는다.). 스피처 우주 망원경은 극저온으로 냉각한 적외선 우주 관측 위성으로 약 6년(2003년에서 2009년까지) 동안 적외선(대부분 지구 대기에서 흡수) 천체 관측 임무를 수행하였으며, NASA의 X선 망원경 중 가장 중요한 찬드라 X선 망원경은 초신성, 은하단, 블랙홀 주변을 둘러싸고 있는 물질을 포함한 우주에서 가장 뜨겁고 에너지가 높은 천체를 관측한다.

NASA의 강력한 사진 및 관측 도구는 세계에서 가장 민감하게 작동한다. 이후에 나오는 페이지를 보면 알 수 있지만, 이 우주 관측소에서 기록한 데이터는 다양한 파장에서 천문학적인 현상에 관한 정보를 우리가 볼 수 있도록 이미지 처리를 했다. 다른 파장으로 우주를 보는 것은 신비로 둘러싸인 우주의 존재를 볼 수 있는 새로운 창을 제공한다.

반세기 이상, NASA는 우주 탐사와 발견의 선봉에 서 있었다. NASA의 광범위한 자료 사진은 우주 비행의 흥미진진함을 기록한 초기 사진(아폴로 달 착륙 계획에서 촬영한 캔디드 사진(연출을 가하지 않은 자연스러운 사진, 역자주)을 포함)에서부터 지구를 우주에 떠다니는 "푸른 구슬"처럼 촬영한 상징적인 사진까지, 또한 날씨 패턴과 기후 변화에 대한 우리의 이해를 변화시킨 정교한 위성 사진에서부터 지구에서 수십억 광년 떨어져 있는 우주의 이미지까지, NASA의 이미징 기능의 진화를 기록한 것이다.

이 뒤에 나오는 페이지부터는 가장 화려한 SF 영화보다 더 화려한 천문학적 현상을 보게 될 것이다. 사진은 지구로부터의 거리에 따라 정렬되어 있다. 우리에게 친근한 지구와 태양계에서 시작하여 우주 본연의 경이로움에 대한 특별한 시각을 제공하는 은하계의 이미지로 이동한다. 이 사진 컬렉션을 통해 우리 은하와 태양계, 과거의 태양 플레어와 별을 만드는 성운 그리고 별이 죽는 극적인 순간과 지구로부터 수십만 광년 떨어진 곳에 있는 암흑 물질의 신비한 고리가 있는 숨 막힐 듯한 풍경을 볼 수 있는 여행을 떠나게 된다.

우주에서 바라본 우리 행성의 사진은 지구와 그 자원에 관한 우리의 이해를 넓혀 준다. 아폴로 8호의 우주비행사였던 윌리엄 앤더스는 초창기에 우주에서 촬영한 지구의 이미지를 보며 다음과 같이 말했다. "우리는 달을 탐험하기 위해 여기까지 왔다. 그리고 가장 중요한 것은 우리가 지구를 발견했다는 것이다." 1960년대에 NASA 프로젝트에 참여했던 과학자 제임스 러브록은 가이아(Gaia) 가설을 만들었으며, 이를 통해 우리 지구가 우주를 의미 없이 떠다니는 물질 덩어리가 아니라 방대하고 자기 통제적인 현명한 유기체로써, 새롭고 끊임없이 변화하는 환경에도 불구하고 생명이 널리 퍼져 있는 존재라는 것을 암시하였다.

먼 우주의 모습을 담은 사진은 점차 진화하고 있는 우주의 비전을 보여 준다. 원시행성을 만드는 원반의 탄생부터 별의 극적인 죽음까지, NASA의 놀라운 이미지들은 갈릴레오 시절부터 천문학자들이 맞춰 나가고 있는 과학적 질문의 퍼즐에 대한 답을 제시하고 있다. 우주의 장엄한 모습이 담긴 이미지에서 호기심에 대한 욕구와 유대감에 대한 갈망을 채울 수 있으며, 우리 우주의 근원과 지구의 운명에 대한 깊은 지식을 얻을 수 있다. 이 책에서 찾을 수 있는 수많은 이미지는 우주와 관련된 오래된 이론을 변화시킨 과학적인 발견에 기여하였다. 그리고 우리 눈에 보이지 않는 신비로움을 숨 막히게 아름다운 이미지로 변환하면서 우리는 우리의 지구와 우주 그리고 현실을 바라보는 방법을 계속 바꿔 나가게 될 것이다.

NASA

기록 보관소의 사진

지구를 뒤돌아보다

우주에서 찍은 지구의 모습을 담은 사진은 NASA의 유인 우주 계획인 아폴로 프로그램에서 최초로 촬영하였으며, 이 이미지를 통해 우리는 독자적으로 지구를 검은 우주의 바다에서 움직이는 독립체로 개념화하였다. 우주 탐사선이 태양계의 더 먼 곳으로 탐험을 떠날 때마다 지구와 달이 있는 모습을 촬영하였으며, 점점 멀어져 가는 지구의 모습을 보여 주었다. 지구의 모습을 담고 있는 이 이미지는 1991년에 다섯 번째 스페이스 랩 임무(공식적인 비행 번호는 STS-40이며, STS는 Space Transportation System(우주 수송 시스템)의 약자로 우주 왕복선 프로그램의 원래 이름이다.)를 수행하던 우주 왕복선 컬럼비아호에서 촬영한 것이다. 여기에 탑승한 과학자들은 미세 중력이 심장, 신장 그리고 여러 호르몬 분비샘에 미치는 영향에 대해 주로 실험하였으며, 지구의 아름다운 모습을 촬영하는 데 시간을 할애하기도 하였다.

| 왼쪽 |

지구를 비추는 태양

이 사진은 1989년에 우주 왕복선 디스커버리호에 탑승한 STS-29 승무원이 간단한 35mm 콤팩트 카메라로 촬영하였다. 태양 빛은 버섯 모양의 가벼운 구름으로 둘러싸여 있는 지구를 비추고 있다. 지구 대기 중에서 가장 높은 곳에 있는 구름은 지표면에서 50km 떨어진 곳에서 찾을 수 있으며 해 질 녘에 볼 수 있는 진한 푸른빛을 띠고 있다. 이 구름은 몹시 추운 곳에서 그 근원을 알 수 없는 수증기와 먼지의 조합을 통해 만들어진다. 2012년 NASA 연구에 따르면, 지난 10년간 지구의 구름 높이가 낮아졌다고 한다.

| 오른쪽 |

지구 관찰

1992년 NASA는 우주 왕복선 컬럼비아호의 또 다른 임무를 위해 STS-52를 발사하여 지구에 관한 귀중한 자료를 수집했다. 이 스냅 사진은 STS-52가 촬영하였으며, 수많은 사진 중에서 이 사진을 통해 과학자들은 지구 지각의 미묘한 움직임을 보다 잘 이해할 수 있게 되었다. STS-52의 관측 내용에는 지구 자전축의 흔들림을 측정하는 것과 지구의 크기와 형태를 이용하여 하루의 길이가 정확히 얼마나 되는지(정확히 23시간 56분 4.1초) 측정하는 것도 포함되어 있었다.

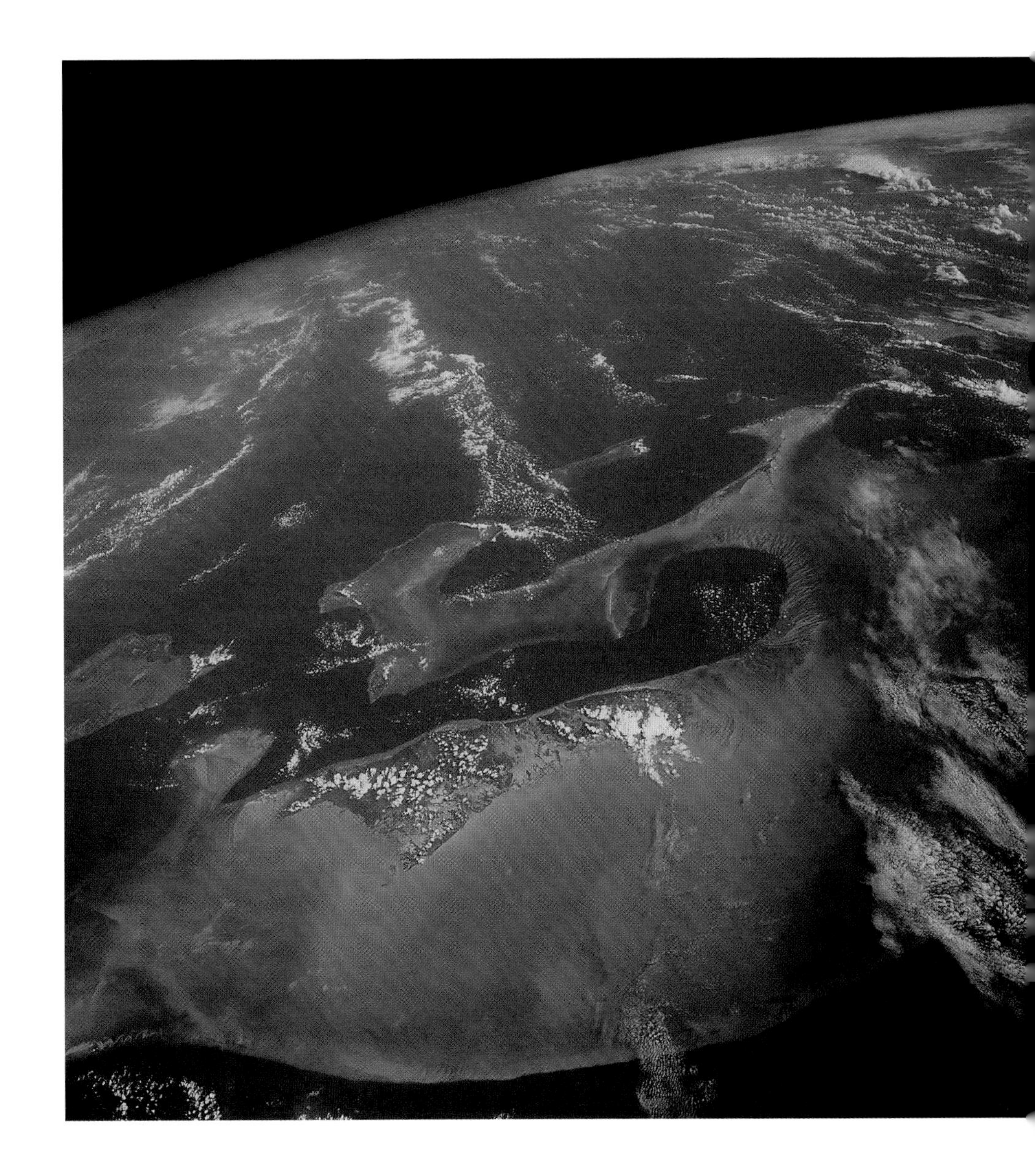

| 왼쪽 |

지구와 달

이 이미지는 1992년, 갈릴레오호가 목성으로 향하는 길에 촬영한 지구와 달의 이미지를 조합한 것이다. 갈릴레오호는 지구와 달 주위를 돌며 슬링샷 효과(Slingshot Effect: 우주선이 행성 주위를 지날 때 중력 에너지를 우주선의 운동 에너지로 전환하는 것, 역자주)에 의해 목성으로 가는 데 필요한 속도를 얻을 수 있었다. 사진에서 남미의 서남쪽 태평양 상공에 소용돌이 모양을 하고 있는 폭풍 구름이 있는 것을 볼 수 있다. 커다란 티코(Tycho) 충돌 크레이터를 포함한 달 표면의 어두운 부분은 소행성의 충돌로 인해 발생한 용암으로 덮인 지형이다.

| 오른쪽 |

푸른 구슬

"푸른 구슬"이라는 이름으로 알려진 이 상징적인 사진은 1972년 12월, 아폴로 17호에 타고 있던 우주비행사가 촬영하였으며 지구 전체의 모습을 담은 최초의 사진으로 유명하다. 이 사진에는 지중해에서부터 남극의 얼음까지 지구의 지형을 선명하게 담고 있다. NASA는 지구의 육지와 바다, 구름, 바다의 얼음까지 수개월간 지구 구석구석을 담은 위성 사진을 이용하여 만든 지구 전체를 볼 수 있는 이미지를 "차세대 푸른 구슬(Blue Marble: Next Generation)"이라는 이름으로 제공하고 있으며 이를 통해 현재까지 가장 정확한 지구의 컬러 이미지를 볼 수 있게 되었다.

인도양을 비추는 햇빛과 구름

인도양 위로 부풀어 오른 구름이 목가적인 이 장면은 1999년 우주 왕복선 디스커버리호에서 촬영하였다. 우주에서 지구의 기이한 아름다움을 사진에 담아냈지만, 이 사진을 촬영하고 15년이 지난 후 NASA는 이 구름 속에 뭔가 불길한 것이 도사리고 있다는 것을 발견하였다. 차후에 진행된 우주 관측 결과에 따르면, 남아시아와 인도양에 걸쳐 있는 이 커다란 흔적은 갈색 구름 공해를 포함하고 있으며 이 질식할 것 같은 층은 대기의 상층과 하층에 있는 에어로졸 가스에 의해 만들어졌다. 이 스모그에는 아시아 갈색 구름층이라는 이름이 붙여졌다.

| 왼쪽 |

쓰나미의 잔해

이 극적인 이미지는 2011년 3월 11일에 발생한 지진으로 인해 발생한 쓰나미가 일본의 북동쪽 해안을 강타하며 몇몇 도시와 마을을 쓸고 지나간 결과를 보여 준다. 이 사진은 쓰나미가 발생한 3일 뒤에 촬영되었고, 촬영된 영역의 넓이는 29.8 × 42.6km이며 쓸려온 땅과 집 그리고 다른 물체에 의한 엄청난 양의 잔해(해안선 너머 보이는 검은색 물체)를 보여 주고 있다. 이 이미지는 지구를 관측하고 있는 NASA의 5가지 장비 중 하나인 ASTER(Advanced Spaceborne Thermal Emission and Reflection Radiometer, 향상된 우주 열복사와 반사 복사계)로 촬영하였다. ASTER는 일본과 합작하여 제작하였으며 가시광선 영역에서부터 열적외선 파장까지 모든 것을 촬영할 수 있어서 빙하의 이동이나 화산 활동 그리고 그 밖에 지구 표면의 물리적 변화에 관한 정보를 알 수 있다.

| 오른쪽 |

불 켜진 지구

이 지구 이미지는 2012년, NPP(Suomi National Polar-orbiting Partnership, 수오미 국립 극궤도 파트너십) 위성이 22일간 지구 궤도를 312번 공전하며 촬영한 이미지를 조합한 것이다. 이 위성에 탑재되어 있는 VIIRS(Visible Infrared Imaging Radiometer Suite, 가시광선 및 적외선 촬영 및 복사 측정 복합 장비)는 가시광선과 적외선 빛이 어디에서 오는지 알 수 있게 해준다. 도시 지역은 밝게 나타나며 이보다 약한 밝기를 가진 가스 플레어나 오로라, 산불도 담겨 있다. NPP 위성이 수집한 데이터는 NASA의 "푸른 구슬" 영상에 입혀져 지구를 더 정교하게 보여 준다.

초승달

넓게 펼쳐진 지구의 대기 위에서 빛을 내는 초승달의 모습이 담긴 이 유명한 사진은 일본 우주 항공 연구 개발 기구(JAXA) 소속의 우주비행사 와카타 코이치가 2014년 2월, ISS(International Space Station, 국제 우주 정거장)에서 38번째 탐험대로 활동하면서 촬영하였고, 트위터를 통해 지구로 전송하였다. 그가 매일 트위터에 올렸던 사진에는 빙하와 오로라의 모습 등이 포함되어 있다. 사진의 빨간색 층은 가장 파장이 긴 가시광선이 지구의 대기로 들어온 것을 의미하며, 가장 짧은 파장의 빛은 대기 중에 있는 분자에 의해 흩어지게 된다. 대기의 각 층에 있는 주요 기체는 프리즘과 같은 작용을 하여 각각 다른 파장의 빛을 걸러 준다.

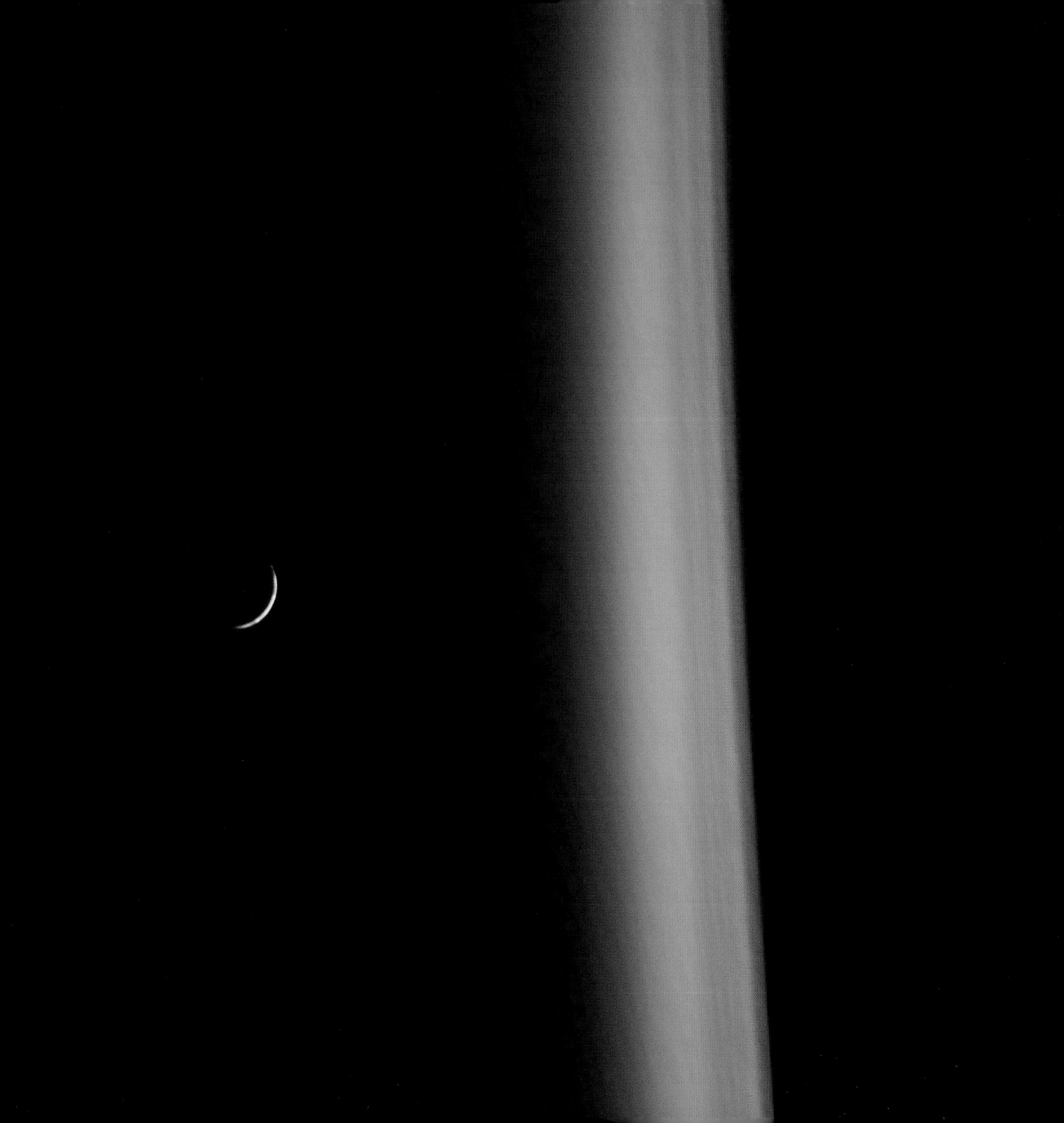

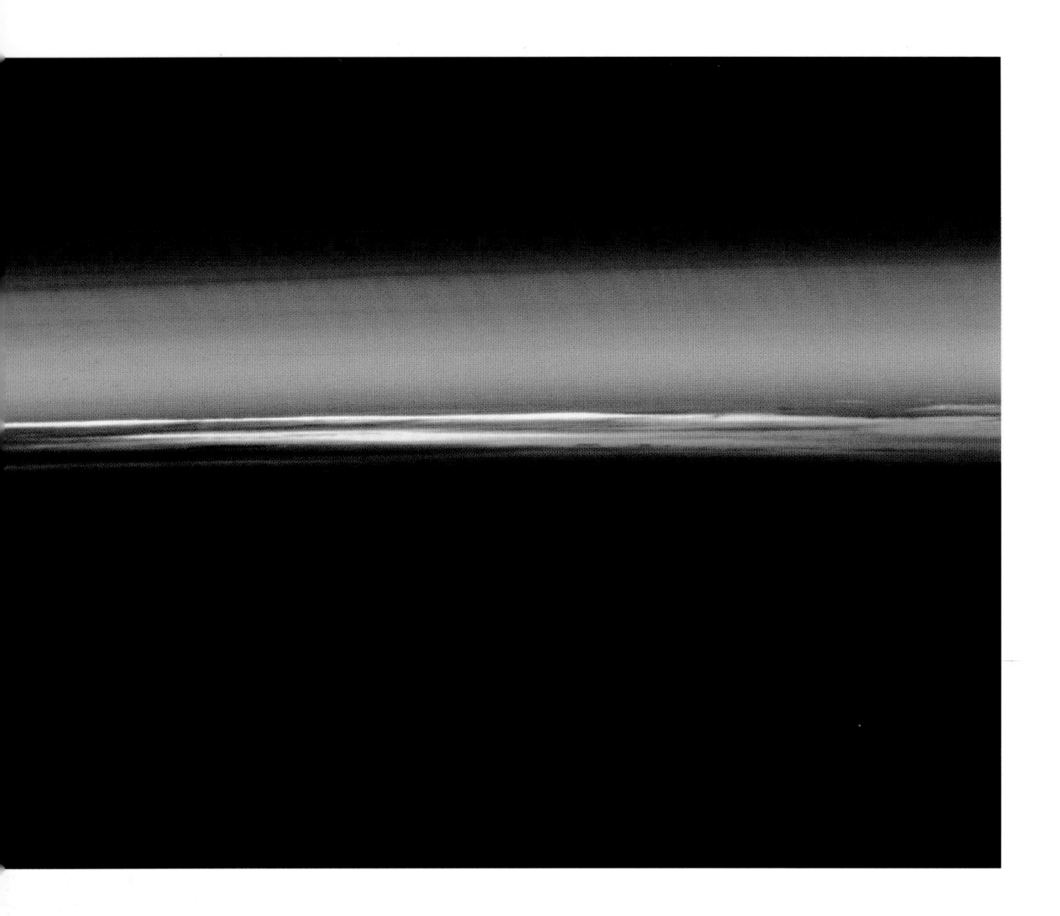

| 오른쪽 |

지구의 가장자리와 달의 폭풍의 바다

달이 지구의 가장자리에서 떠오르고 있다. 화산 활동으로 인한 용암의 흐름이 달의 표면을 흐르면서 생긴 검은색 반점이 우리를 향하고 있다. 폭풍의 바다로 알려진 이 바다는 달에서 가장 큰 바다이다. 전경에는 지구 대기에서 가장 낮은 곳에 있는 대류권(수증기와 구름을 포함하여 지구 대기 질량의 80% 이상을 차지)에 있는 큰 구름을 볼 수 있다. 파랗게 햇빛이 퍼지고 있는 상층 대기를 지나면 갑자기 검은 우주가 나타난다. 지구의 가장자리를 촬영한 수많은 사진과 같이 이 이미지도 우리 지구의 허약함과 불굴의 조화를 강조하고 있다. 우리를 보호하고 유지시켜 주는 대기는 우주의 광대함과 잠재적인 파괴력에 비하면 아주 작고 약하다.

| 위 |

지구의 가장자리

지구의 가장자리 부분은 대기의 경계선이며 우주에서는 마치 지구 원반을 둘러싸고 있는 헤일로(Halo)와 같이 보인다. 또한, 지구의 곡선이 잉크처럼 어두운 우주와 만나는 곳이며 우주의 위험한 기후로부터 우리를 지켜주는 아름다운 방패의 역할도 한다. 이 얇은 기체층은 인공위성, 우주 왕복선 그리고 달에서 촬영되었고 해가 질 무렵에 빛이 난다. 역전층(대기의 상층으로 올라갈수록 온도가 올라가는 대기층)이 발생하면 연기나 먼지, 가스가 좁은 층에 모이게 되어 화려한 색상의 빛의 띠가 나타나게 된다.

지구 너머의 일몰

지구의 가장자리에서 해가 지는 장면을 촬영한 이 사진은 ISS의 다섯 번째 탐험대 대원이 촬영하였다. 2002년의 이 탐험대는 우주에서 장기간 머문 팀(184일) 중의 하나다. 수평선에 걸쳐 있는 색상은 대기층의 모습을 보여 주고 있다. 가장 낮은 곳에 있는 대류권은 해가 질 때 주황색으로 보인다. 그 위에 있는 성층권에는 구름이 거의 없으며, 지구 표면으로부터 50km 지점에서 시작된다. 성층권의 상부는 어두운 푸른빛을 띠며 우주와 접하게 되는 경계 지점이다.

| 왼쪽 |

반달 효과

창백하게 빛나는 지구 위에 떠 있는 하현달의 모습을 담은 이 이미지는 2010년, ISS에 탑승한 24번째 탐험대의 우주비행사가 촬영하였다. 신월(新月)이 뜨고 난 2주 뒤에 달이 지구 주위를 3/4 공전하면 하현달이 된다. 사진에서 볼 수 있듯이 달의 빛나는 부분은 전형적으로 지구의 지평선을 마주하고 있다. 하현달은 태양 주위를 돌고 있는 지구 궤도에 대해 보다 더 명확한 그림을 제공한다. 새벽이 오기 전에 하현달을 보는 것은 실제로 지구가 궤도를 따라 나아가는 경로를 보여 준다. 달이 끊임없이 공전하지 않는다면 초당 29km로 움직이는 지구의 속도로 인해 우리는 몇 시간 안에 달에 도착할 수 있을 것이다.

| 오른쪽 |

지구돋이

"지구돋이"라는 이름으로 잘 알려진 이 상징적인 이미지는 아폴로 8호 임무 중, 우주비행사 윌리엄 앤더스가 촬영하였다. 저명한 자연 사진가인 갤런 로웰은 이 사진을 지금까지 촬영된 사진 중 가장 영향력이 있는 환경 사진으로 손꼽았으며, 우주에서 찍은 가장 두드러지는 지구 사진이라 할 수 있다. 이 사진은 탐사선이 회전할 때 앤더스가 멋진 풍경을 발견하고 즉흥적으로 촬영하였다. 사진을 촬영하는 순간 지구의 모습을 처음으로 보면서 앤더스가 "와, 이거 너무 예쁜데!"하고 경탄했던 소리가 느껴질 것이다. 이 사진에서 우주비행사가 달의 동편(지구에서 봤을 때)으로 떠올라 있는 만큼 지구도 달의 지평선에서 5도 올라와 있다. 달 표면은 손에 닿을 듯이 가까이 있는 것처럼 보이지만 실제로는 탐사선과 779km 떨어져 있다.

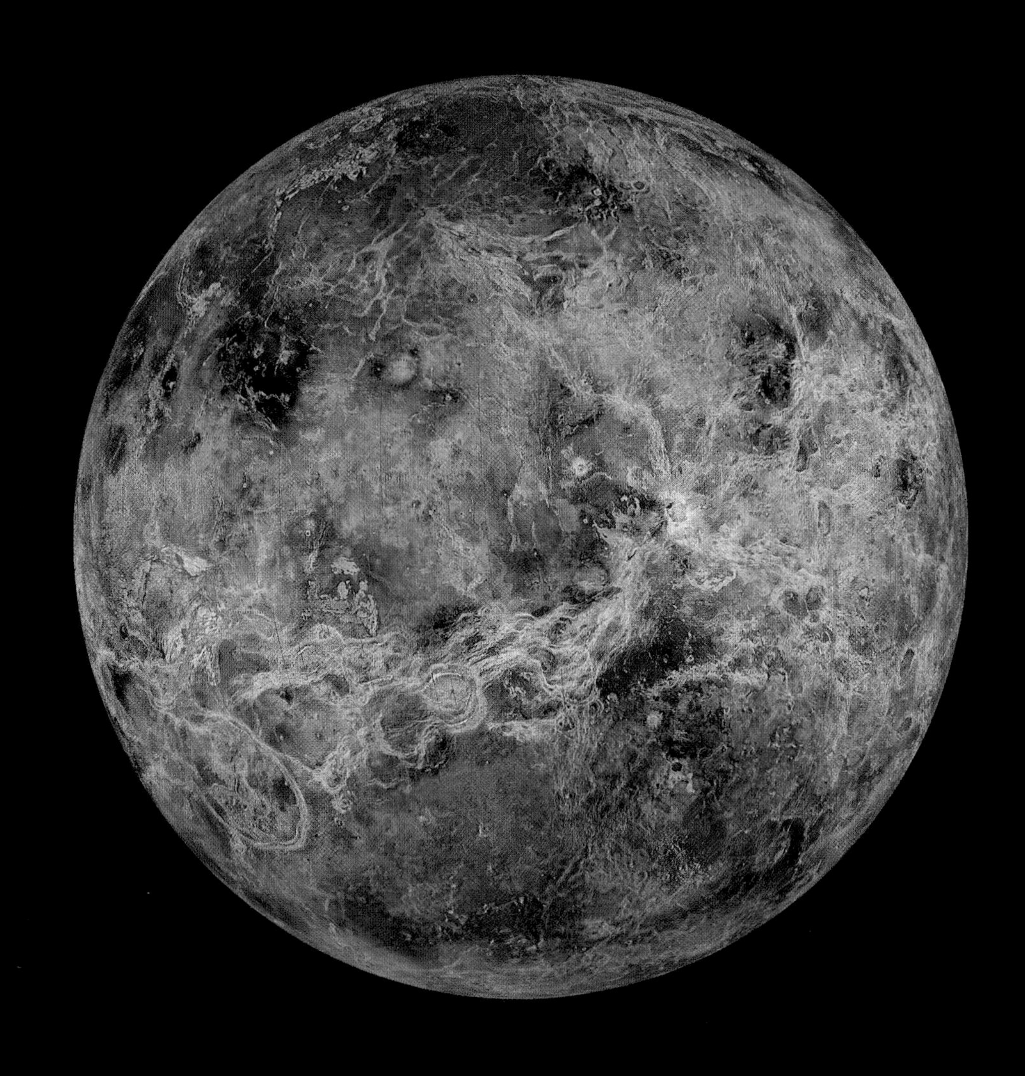

금성의 반구

금성의 반구를 보여 주고 있는 이 컬러 이미지는 1990년에 금성으로 발사한 마젤란호가 10년 넘게 레이더 조사를 진행한 결과물이다. 마젤란호는 금성 표면의 98%를 조사하였으며 지표면의 높낮이를 표현하기 위해 이 모자이크 이미지(지구에 있는 아레시보 레이더에서 만든 영상도 포함되어 있다.)에 채색을 하였다. 마젤란호가 전송한 이미지를 통해 금성 표면의 나이는 3억 년에서 6억 년으로, 상대적으로 젊다는 것을 알 수 있었다. 금성의 지각은 판 구조로 되어 있지 않기 때문에 지형 변화가 거의 없으며, 금성의 지표면은 수억 년에 한 번씩 완전히 새로 바뀌는 것으로 알려져 있다.

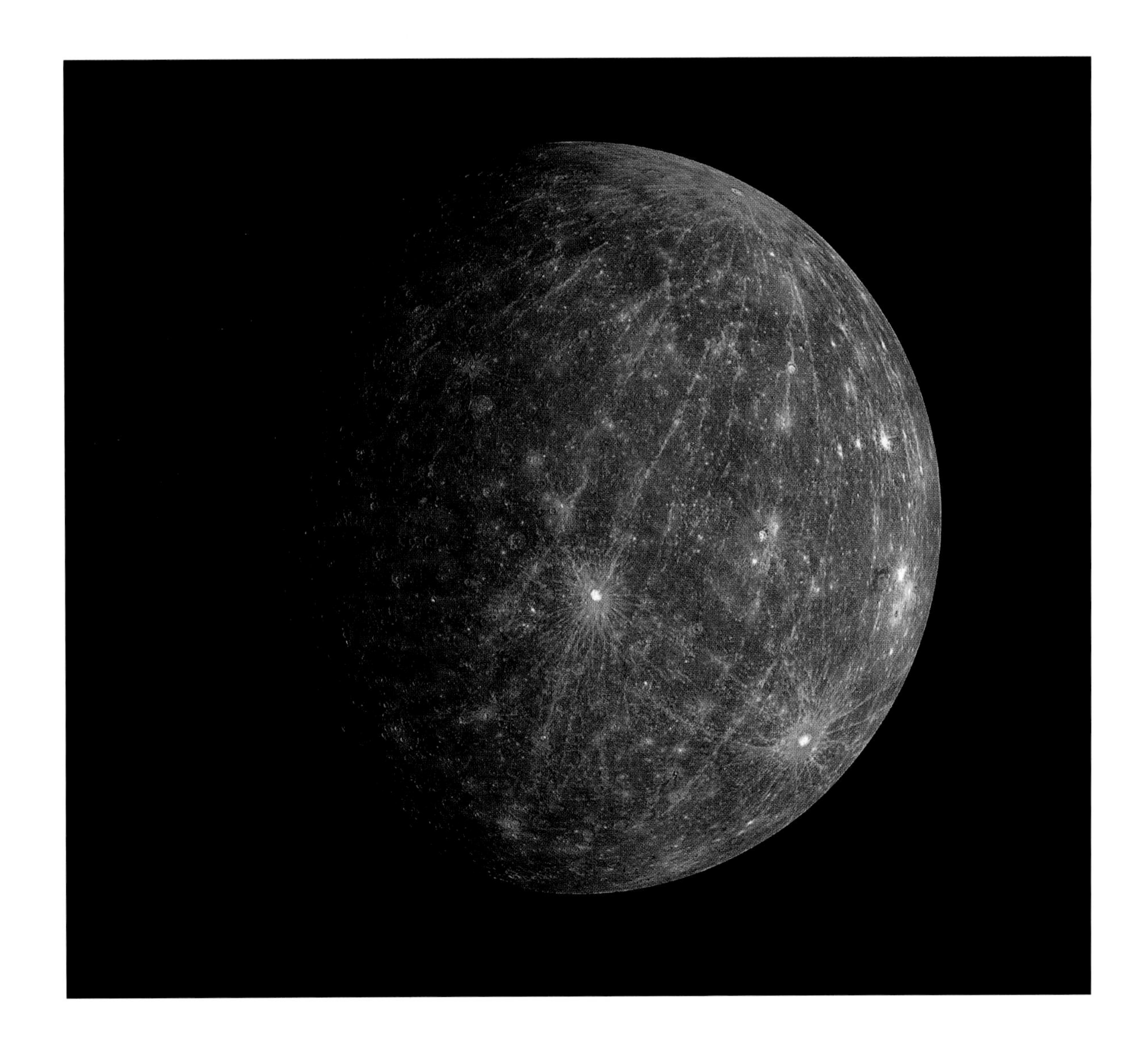

가까이에서 본 수성

메신저호(Messenger는 MErcury Surface, Space ENvironment, GEochemistry, and Ranging(수성 표면, 우주 환경, 지질 화학 그리고 측정)의 약자)가 2008년 10월 6일, 수성에 두 번째 근접 비행을 하면서 촬영한 이미지. 이 이미지를 통해 태양에서 가장 가까이 있는 행성의 가장 가까운 모습을 대략 볼 수 있다. 이미지의 중간 아래에는 카이퍼 크레이터가 있다. 근접 비행을 통해 수성의 자기장에 관한 새로운 정보를 수집할 뿐만 아니라 수성 외기권에 있는 입자를 감지하였다. 외기권은 분자끼리 멀리 떨어져 있는 대기 영역이며 분자 간 접촉보다는 오히려 분자가 지표면과 접촉하기 쉽다. 수성의 외기권은 태양 복사, 태양풍 그리고 기화된 유성체로 인해 지표면에서 튀어 올라온 물질로 대부분 구성되어 있다. 허블 우주 망원경이 촬영한 수성의 이미지는 존재하지 않는데, 수성이 태양에 너무 가까이 있어서 태양 빛이 허블 우주 망원경의 민감한 광학계와 전자 부품을 망가트릴 수 있기 때문이다.

| 왼쪽 |

유로파

화려하게 재가공한 이 컬러 이미지는 1990년대 말, NASA의 갈릴레오호가 근적외선, 초록색, 보라색 필터로 촬영한 이미지를 조합한 것이다. 목성에서 네 번째로 큰 위성인 유로파의 이 고해상도 이미지는 인간의 눈으로 직접 봤을 때 느낄 수 있는 색상으로 조절하였다. 푸르스름한 흰색 부분은 얼음으로 구성되어 있으며, 적갈색 지역은 얼음이 없는 지역을 의미한다. 유로파의 표면은 매우 매끈해서 고도의 변화가 거의 없지만, 운석과의 충돌로 인해 생성된 균열이 존재한다. 목성의 강력한 중력이 유로파의 내부 온도를 상당히 높이기 때문에 위성 표면의 얼음을 녹이고 유로파의 표면 아래에 깊이가 100km에 이르는 소금물로 이루어진 바다가 형성되었으며, 여기에는 지구보다 2배나 많은 액체 상태의 물이 존재한다. 과학자들은 유로파의 바다에 생명이 있을 가능성이 있으며, 바닥에 있는 열수 분출공 주변에 사는 미생물의 형태로 존재할 것으로 생각하고 있다.

| 오른쪽 |

목성과 이오

목성과 목성의 위성 이오의 멋진 몽타주는 2007년 2월과 3월에 뉴호라이즌스호가 촬영한 이미지를 이용해서 만든 것이다. 목성의 이미지는 적외선 이미지를 합친 것이다(파란색은 고도가 높은 구름이며, 빨간색은 목성 대기의 깊은 곳에 있는 구름을 나타낸다.). 푸르스름한 흰색의 원은 목성의 구름 중에서 가장 높이 떠 있으면서 압력이 높은 대적반이다. 이오의 이미지는 실제 색상을 조합한 것이며, 이오의 오른쪽에는 트배시타(Tvashtar)라는 거대한 화산이 분출하고 있다. 목성의 위성 유로파와 가니메데가 가하는 중력에 의해 발생하는 강력한 조석력에 의해 이오에는 태양계에서 가장 활발한 화산 활동이 일어나고 있으며, 그 분출물은 이오의 표면에서 300km까지 치솟아 오른다.

고리 행성 토성

2013년 10월 10일, 카시니호는 햇빛을 받는 토성 북반구의 자세한 모습을 촬영하였다. 2004년에 카시니호가 촬영한 이미지에 나타난 토성의 북반구는 조금 푸르스름했지만, 2013년의 이미지에서는 겨울이라는 계절 특성에 의해 북쪽에는 파란색이 남아 있긴 하지만 전반적으로 황금색을 띠는 모습을 보여 준다. 토성의 현재 궤도는 카시니호에 북극, 고리 그리고 자기장 환경에 관해 자세히 보여 주고 있다. 토성의 고리는 작은 먼지에서부터 산만한 바위에 이르는 수십억 개의 입자로 구성되어 있으며, 혜성이나 소행성의 잔해 그리고 잘게 부서진 위성에서 기원하고 있는 것으로 생각된다.

해왕성의 위성

이 이미지는 해왕성의 유일한 위성인 트리톤의 세세한 모습을 담고 있다. 트리톤과 해왕성은 약 45억 년 전에 생성되었으며, 트리톤은 역공전을 하고 있다. 즉, 해왕성의 자전 방향과 반대로 돌고 있는 것이다. 트리톤의 표면은 대체로 평평하지만 암석으로 이루어진 협곡과 간헐천과 같은 분출공이 조금 존재한다. 과학자들은 트리톤이 원래 태양계 생성 시 길을 잃은 천체들로 구성되어 있는 카이퍼 벨트에서 왔을 것으로 생각한다.

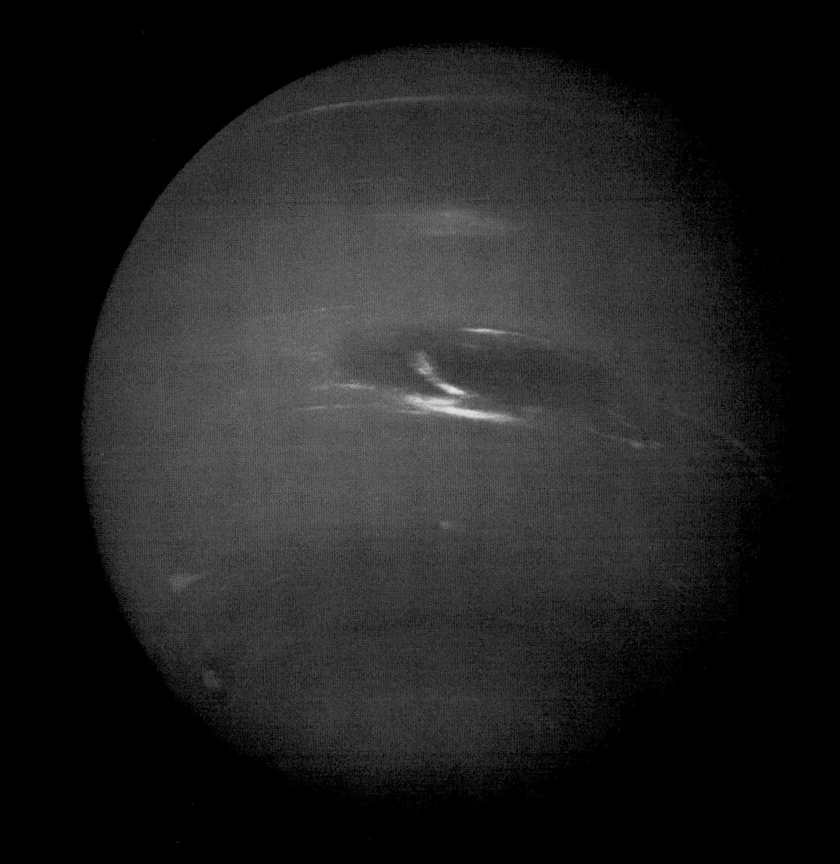

푸른 해왕성

태양계의 여덟 번째 행성의 이 합성 이미지는 1989년 8월, 보이저 2호가 해왕성으로부터 약 700만km 떨어진 곳에서 촬영하였다. 이미지의 중앙에는 해왕성의 대흑점과 빠르게 움직이는 연속된 구름을 볼 수 있다. 대흑점은 일종의 폭풍이며 1989년에 처음 관찰되었고 이후 5년간 지속되었다. 과학자들은 이 거대한 가스 행성이 원래 태양 근처에서 생성되었으나 점차 현재의 위치로 옮겨온 것으로 믿고 있다.

일식

2014년 1월 30일, NASA의 SDO(Solar Dynamics Observatory, 태양 활동 관측 위성)는 달이 SDO와 태양 사이에 들어가 생긴 일식 현상을 촬영하였다. 일식은 매년 2~3회 발생하며 이 당시의 일식은 진행 시간이 상당히 길어 무려 2시간 30분간 지속되었다. 달의 지평선은 명확하게 보이는데, 이는 달에는 강력한 태양 빛을 방해할 만한 대기가 없기 때문이다. 특히나 SDO는 일식 중에 달이 지나가는 궤적을 관찰하는 것이 중요하다. 과학자가 일식 중에 달 원반의 어두운 정도를 관측할 때 망원경의 성능을 방해하는 빛의 양을 보정할 수 있기 때문이다. 이상적으로 달 원반은 완벽한 검은색이어야 하지만, 간접광이 망원경 안으로 들어오게 된다.

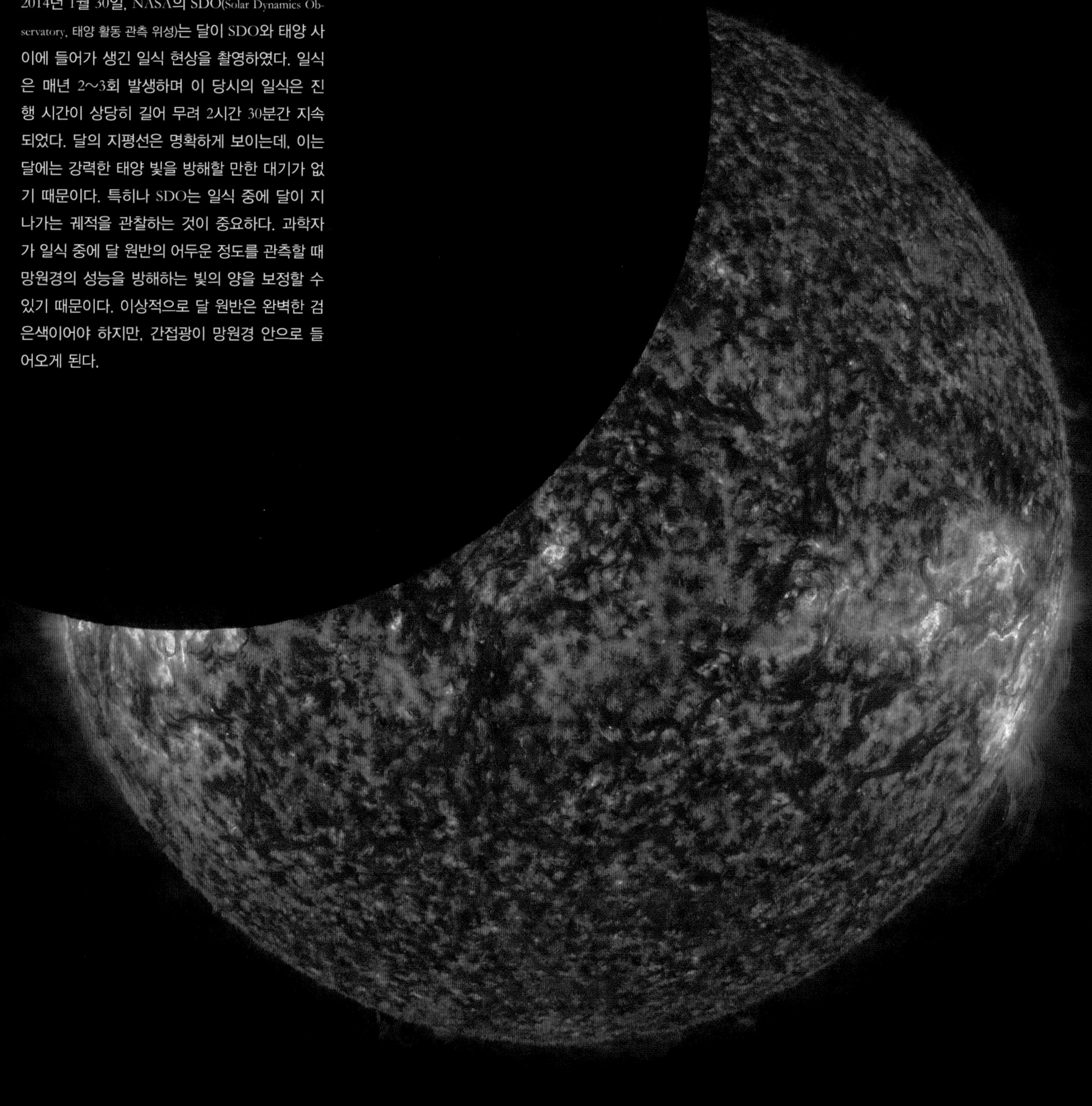

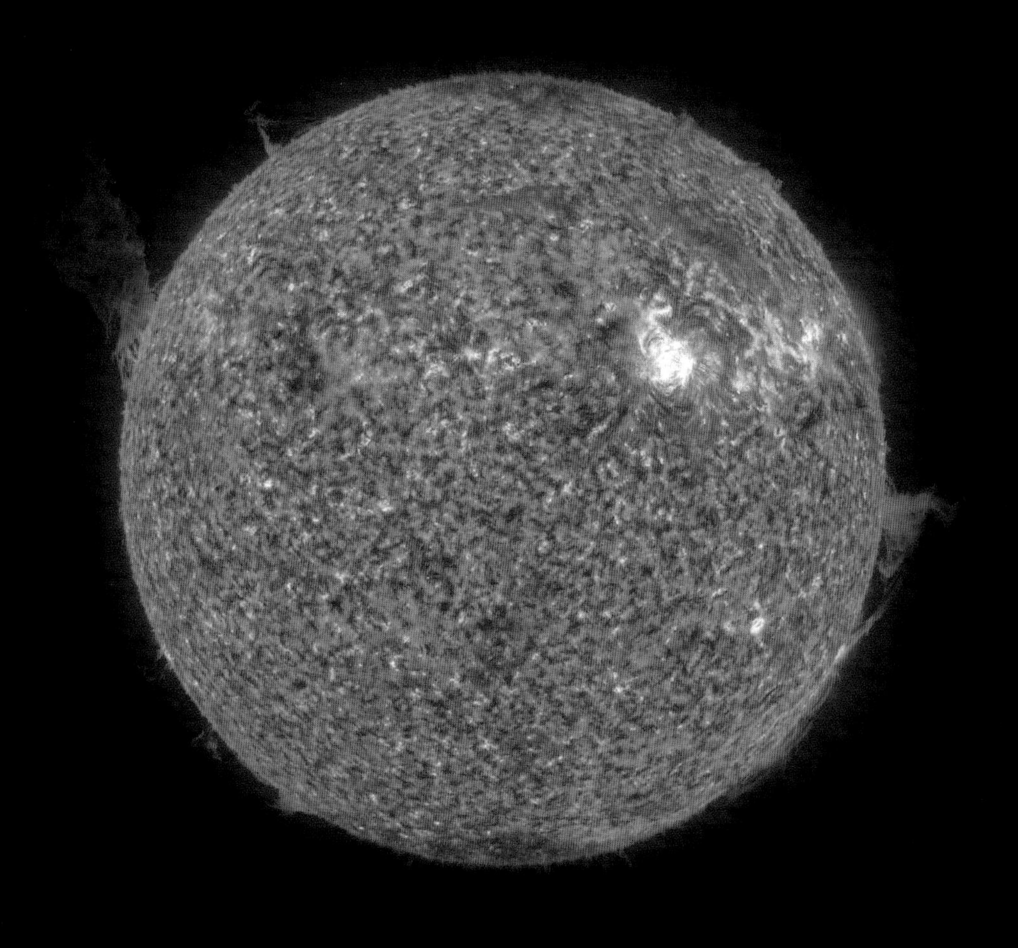

태양의 대류층

태양 가장자리에서 중심부 방향으로 1/3을 차지하고 있는 대류층은 태양에서 밀려 나오는 열을 전달하는 플라즈마(너무 뜨거워서 전자가 떨어져 나간 상태의 기체)의 소용돌이를 포함하고 있다. 이 이미지는 2010년 10월 27일에서 28일까지 촬영하였으며, 48시간 동안 태양의 자기장과 얽혀 있는 채로 움직이며 회전하는 매우 뜨거운 플라즈마의 모습을 담아냈다. 이 장면은 자외선 필터를 이용해 촬영하였으며, 끊임없는 움직임은 일반적으로 우리 눈에 보이지 않는다. 대부분의 플라즈마는 우주로 흘러나왔다가 이 중에서 상대적으로 온도가 낮고 밀도가 높은 플라즈마가 태양으로 다시 되돌아가면서 사진에서 보이는 루프 모양의 흐름을 만들게 된다. 회전하는 플라즈마 관측은 과학자들이 태양 폭풍이 태양계에 미치는 전반적인 효과에 대해 더 이해하고 예측하는 데 도움이 된다.

태양의 코로나와 상부 천이 영역

2013년 12월 31일에 SDO가 촬영한 이 이미지에는 코로나와 상부 천이 영역의 모습이 담겨 있다. 코로나는 태양의 가장 바깥에 있는 대기층이며 태양 표면에서 수천km나 뻗어 나온다. 천이 영역은 코로나와 이보다 온도가 낮은 대기 영역을 나누는 부분을 의미한다. 천이 영역에서는 태양에서 멀어질수록 온도가 수천 도에서 수백만 도로 극적으로 상승한다. 코로나의 온도는 태양 표면의 온도보다 높아 수백만 도가 넘으며, 태양이 내뿜는 플라즈마의 흐름으로 태양계를 순환하는 태양풍을 쏟아 낸다. 태양의 밝기 때문에 일반적으로 코로나는 보이지 않는다. SDO는 대기 이미징 어셈블리와 태양 지진 및 자기장 촬영기의 2가지 장비를 이용하여 우리가 보기 힘든 영역을 촬영한다. 지구에서 코로나는 개기일식이 일어나는 동안에 흐릿한 빛으로만 볼 수 있다.

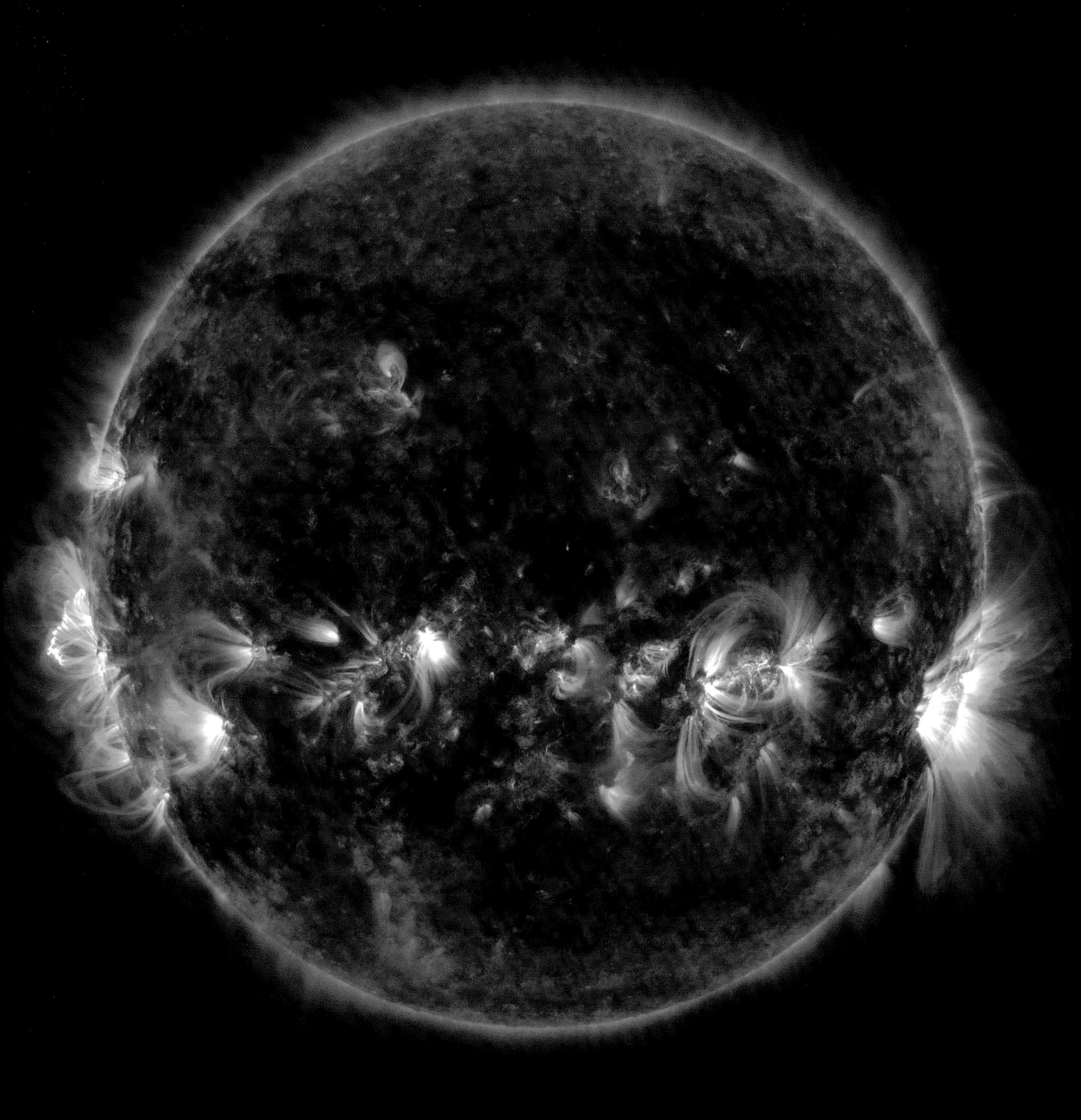

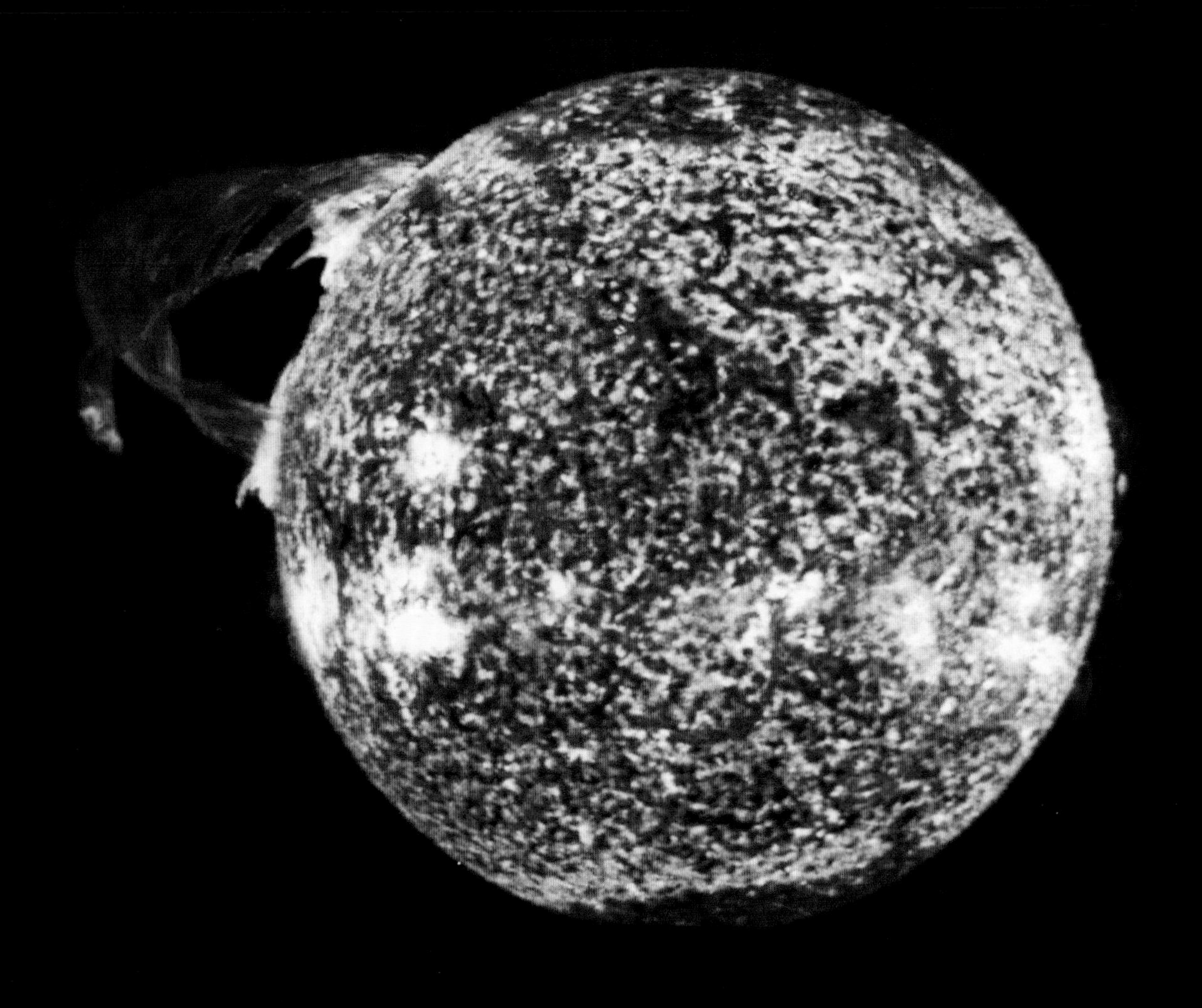

태양 플레어

이 태양 플레어 사진은 1973년 12월 19일, 스카이랩 3에 장착되어 있는 아폴로 망원경 가대(ATM)로 촬영한 것이다 (원문에는 2010년 9월 1일, 스카이랩 3에서 촬영한 것으로 되어 있으나 스카이랩 3의 임무 기간은 1973년 7월 28일부터 1973년 9월 25일까지이며, 촬영 날짜와 주체는 NASA 홈페이지에서 확인하였다. 역자주). 태양 플레어는 태양의 밝기가 급격하고 극적으로 바뀌는 것을 의미하며, 자기 에너지가 강해지면서 발생했다가 서서히 사라진다. 플레어는 다양한 주기와 빈도로 발생하기 때문에 얼마나 오래, 얼마나 강렬한지는 아무도 모르며 보통은 몇 초에서 한 시간 이내로 지속된다. 태양 플레어도 또한 여러 단계가 존재한다. 가장 활발한 단계에서는 강력한 X선과 전파 그리고 감마선이 태양에서 방출된다. 태양 플레어는 육안으로 볼 수 없으며 광학 망원경, 우주 망원경, 전파 망원경으로만 이를 포착할 수 있다. 매우 강력한 플레어는 우리의 전자기기와 통신망을 멈추게 할 수도 있다. 북극과 남극에서 관측되는 오로라는 플레어에 의해 발생하는 부작용 중의 하나라고 할 수 있다. 오로라는 입자가 자기권에 부딪힐 때 즉, 에너지를 가진 입자가 천체의 자기장에 의해 제어되면서 천체의 주위에서 발생한다.

태양 플레어의 파동

태양 표면 전체에 걸쳐 있는 태양 플레어 파동의 모습을 보여 주고 있는 이 이미지는 2010년에 SDO로 촬영하였다. 1개의 플레어가 방출하는 에너지는 100메가톤급 수소폭탄 수백만 개를 한 번에 터트린 것과 동일하지만, 태양이 1초간 방출하는 전체 에너지의 1/10에 불과하다. 1895년, 과학자 리처드 C. 케링턴과 리처드 호지슨은 하늘에서 크게 번쩍이는 하얀빛을 독자적으로 관측 후 태양 플레어 관측 내용을 최초로 보고하였다. 사진에서 푸른 지역은 태양의 뜨거운 표면을 의미하며, 빛나는 파도와 같은 무늬는 태양 플레어와 그 경로를 나타낸다. 태양 플레어의 전파와 광학적 에너지는 망원경으로 탐지할 수 있지만, 감마선과 X선은 지구 대기를 지나가지 못하기 때문에 우주 망원경으로만 검출이 가능하다. 지구의 대기는 파장이 짧은 빛(보라색, 파란색, 초록색)을 산란시키기 때문에 육안으로는 태양에서 오는 파장이 긴 빛(노란색이나 주황색)밖에는 볼 수 없다. SDO 및 다른 망원경은 지구에서 볼 수 없는 빛의 영역(X선이나 자외선 등)을 촬영하기 위해 특수한 필터를 사용하기도 한다.

카시오페이아와 세페우스

수천 개의 개별 이미지를 조합해서 만든 이 이미지는 2010년, WISE(Wide-field Infrared Survey Explorer, 광역 적외선 탐사 위성)가 촬영하였다. 이 이미지에는 카시오페이아자리와 세페우스자리가 포함되어 있다. 적외선으로 촬영한 이미지는 우리 눈에는 흐릿하게 보이는 별과 그 주변의 모습을 선명하게 보여 준다. 카시오페이아자리는 밤하늘에서 밝은 별자리에 속하지만, WISE가 적외선으로 관측한 결과는 우리가 보는 것과 다른 모습으로 별과 성운의 모습을 보여 주고 있다. 이미지상에서 진한 파란색과 초록색으로 표현된 성운은 먼지, 수소, 헬륨 그리고 플라즈마로 구성된 구름이다. 성운은 각각의 입자들이 중력에 의해 서로 끌리고 뭉치면서 생성된다. 성운은 죽은 별의 잔해이지만 새로운 별을 만드는 재료이기도 하다. 많은 기체와 먼지가 모이는 것이 가속화되고 압력이 생성되면, 기체의 외곽이 이온화되면서 성운 안에서 별이 형성되는 것이다.

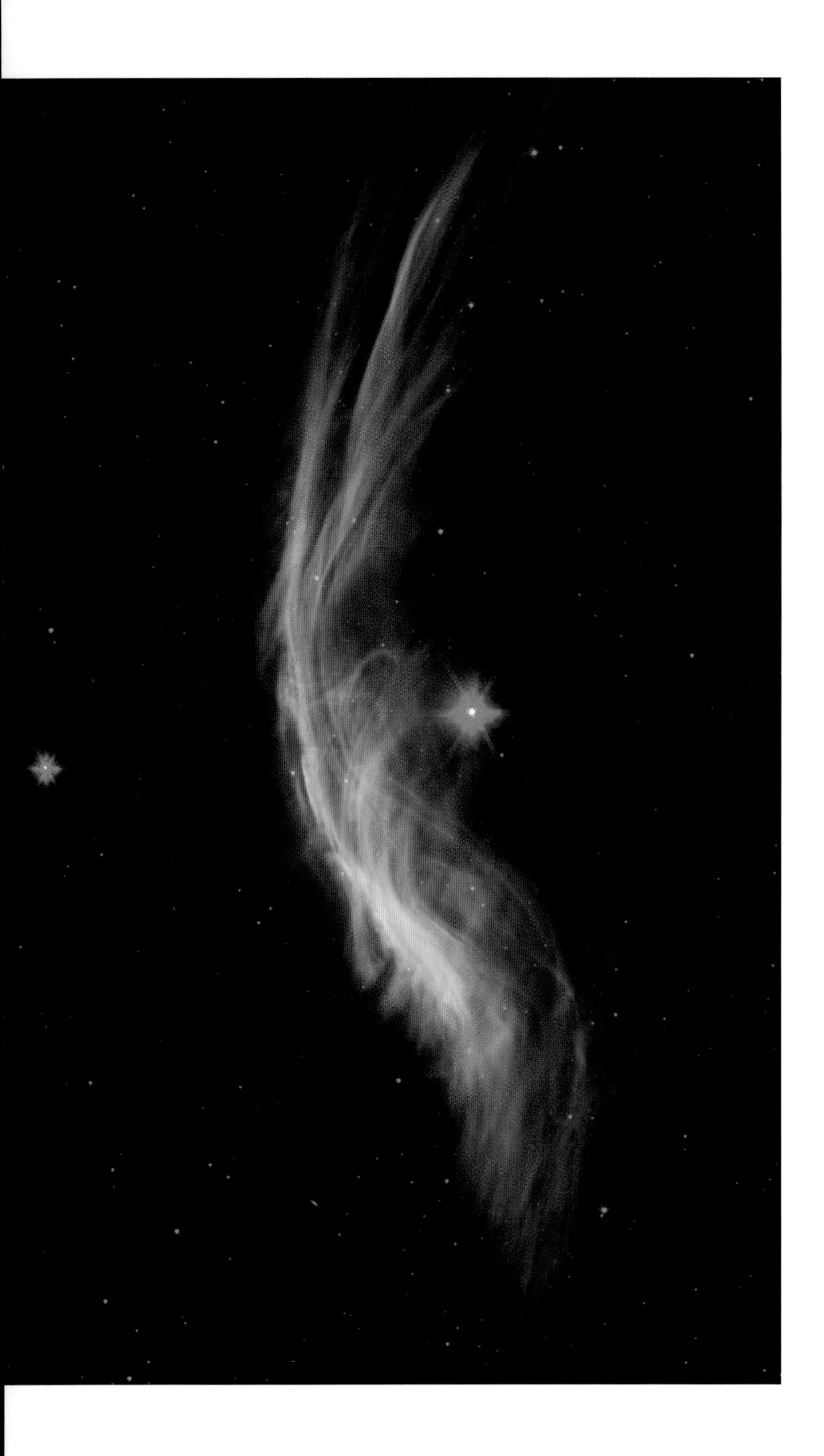

| 왼쪽 |

뱀주인자리 제타(ζ)별

거대한 별인 뱀주인자리 제타별의 적외선 이미지는 NASA의 스피처 우주 망원경으로 2012년에 촬영하였다. 이 젊은 별은 지구에서 370광년 떨어져 있으며 태양보다 20배 무겁고 8,000배나 밝다. 뱀주인자리 제타별은 원래 쌍성계를 이루고 있었지만, 반성이 죽음으로써 중력장에서 벗어나 대포알처럼 빠르게 우주로 튀어나온 것으로 생각된다. 이 별이 먼지구름에 가려져 있지 않다면 더 밝게 보일 것이다. 이 별에서 나오는 항성풍의 속도는 시속 86,905km로 별 주변에 있는 물질의 음속 장벽을 깨트리기에 충분하다. 별에서 불어오는 빠른 속도의 항성풍이 느리게 움직이는 기체와 먼지 영역에 충돌하면, 적외선으로만 볼 수 있는 바우 쇼크(Bow Shock)가 발생한다. 바우 쇼크는 비행기나 빠르게 움직이는 교통수단이 음속보다 빠르게 움직일 때 발생하는 음속 폭음과 유사하다. 바우 쇼크 주변의 영역은 적외선 파장의 물결을 생성하며 원호를 만들게 된다.

| 오른쪽 |

뱀주인자리 로(ρ)별 주변의 성운

스피처 우주 망원경으로 2008년에 촬영한 이 이미지는 뱀주인자리 로별 주변에 있는 성운의 모습을 보여 주고 있다. 기체와 먼지로 이루어진 이 암흑 성운은 지구에서 407광년 떨어진 곳에 있다. 수소 분자가 풍부한 이 성운은 전갈자리와 뱀주인자리에 걸쳐져 있다. 뱀주인자리 로별 주변의 수소 분자는 새 별을 생성하도록 하는데, X선과 적외선을 통한 연구에 의하면 이 성운 속에서 300개 이상의 새 별이 만들어지고 있다고 한다. 성운에 관한 자세한 연구는 다양한 파장을 통해 연구하였으며 이를 통해 이곳에 있는 별의 나이와 온도에 관한 정확한 정보를 얻게 되었다. 가장 어린 별들은 기체 원반에 둘러싸여 계속 성장하며, 이보다 좀 더 오래된 별들은 청백색으로 빛나고 먼지와 기체로 된 외피를 완전히 벗었다. 두텁고 농도가 진한 기체에 둘러싸인 새 별은 사진의 중간 아래에서 볼 수 있다. 성운은 적색 거성 안타레스에 의해 빛나고 있다. 안타레스는 520광년 떨어져 있으며 태양보다 4,000배나 밝다. 뱀주인자리 로별 주위에 있는 성운은 모든 파장의 빛을 내고 있지만 불투명한 기체로 인해 적외선에서도 성운이 어둡게 나타난다.

| 왼쪽 |

남쪽왕관자리의 성단

남쪽왕관자리(Corona Australis는 라틴어로 남쪽 왕관을 의미)는 남반구에서 볼 수 있는 별자리이며, 우리 은하에서 가장 활발한 활동이 일어나고 있다. 지구로부터 420광년 떨어진 남쪽왕관자리에는 코로넷 성단이 포함되어 있으며, 이곳에서는 새로운 별이 끊임없이 태어나고 있다. 2007년에 촬영한 이 코로넷 성단 이미지의 X선 파장 대역은 찬드라 X선 관측 위성이 보라색으로 촬영하였고, 주황색, 초록색 그리고 시안 색상으로 표현된 적외선 영역은 스피처 우주 망원경이 촬영한 것이다. 이 지역에 대한 다양한 파장을 연구함으로써 과학자들은 아주 어린 별들의 진화에 대해 더 잘 이해하기를 바라고 있다.

| 오른쪽 |

플레이아데스 성단

일곱 자매의 별로도 알려져 있는 플레이아데스 성단의 모습이 담긴 이 이미지는 스피처 우주 망원경이 2007년에 촬영한 것이다. 과학자들은 플레이아데스 성단이 약 250개에서 500개의 별로 구성되어 있다고 추측하고 있다. 시인 알프레드 테니슨은 플레이아데스 성단을 "은으로 만든 실에 얽힌 한 무리의 반딧불이처럼 빛나고 있다."고 했다. 노란색, 초록색, 빨간색으로 표현된 먼지와 별이 있는 복잡한 세공 무늬의 아름다움을 완벽하게 묘사하고 있는 글귀다. 얇은 먼지의 베일로 뒤덮인 이 별 무리는 400에서 500광년 떨어져 있으며, 황소자리에 위치한다. 플레이아데스 성단을 구성하고 있는 별들의 나이는 불과 수억 년에 불과하며, 50억 년인 우리 태양의 나이와 비교하면 아주 젊다. 우리의 태양도 스스로의 우주여행을 시작하기 전에는 플레이아데스와 비슷한 별 무리의 일원이었을 것으로 생각된다. 이 사진에는 아주 작고 차가우며 가시광선으로는 아주 어둡게 보이는 갈색 왜성의 적외선 모습도 담겨 있다.

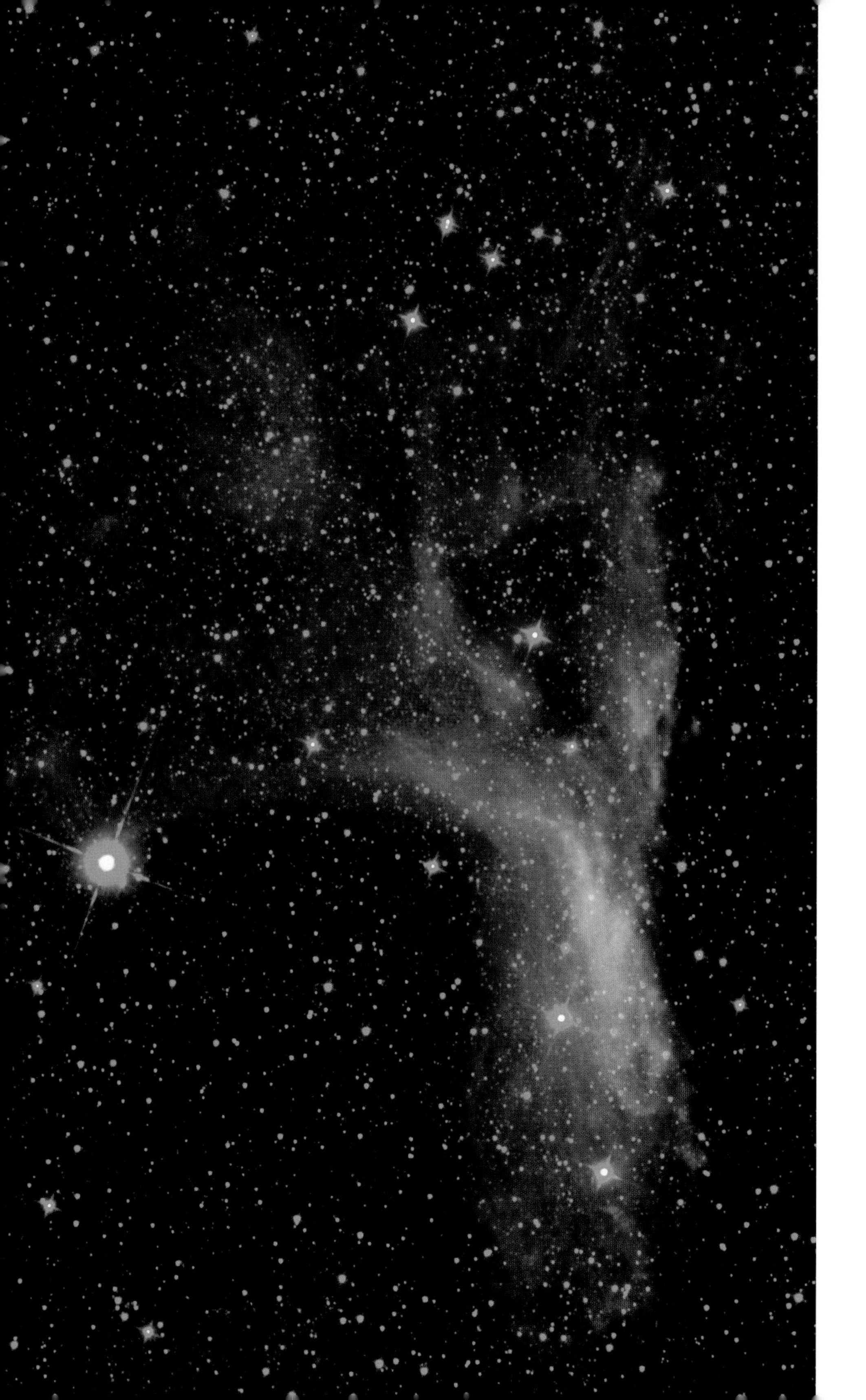

| 왼쪽 |

반사 성운

반사 성운은 그 주변에 있는 광원이 비추는 빛에 의해 빛난다. 반사 성운 DG129를 촬영한 이 적외선 사진은 NASA의 WISE가 2010년에 촬영하였다. DG129는 전갈자리에 있으며 지구에서 500광년 떨어져 있다. 천문학자들에게 이 성운의 모습은 마치 우주의 어둠 속에 있는 팔과 손과 같이 보이기도 한다. 오른쪽에 있는 밝은 별은 전갈자리 파이(π)별이며, 전갈의 집게발 부분에 위치하고 있다.

| 오른쪽 |

헬릭스 성운의 혜성 먼지

커다란 눈처럼 보이는 행성상 성운인 헬릭스 성운은 물병자리에 있으며 지구에서 695광년 떨어져 있다. 행성상 성운이라는 이름은 이를 발견한 초기의 천문학자들이 이 성운의 색상이나 크기, 모양이 마치 천왕성이나 해왕성과 유사하여 행성으로 잘못 판단한 데에서 비롯되었다. 헬릭스 성운은 별이 죽으면서 내뿜은 물질로 만들어졌다. 별이 핵융합하기 위한 연료인 수소를 모두 소모하면 수소 대신 헬륨을 사용하게 된다. 헬륨마저 다 소모하게 되면 별은 죽어 사진 중앙에 작은 점으로 나타나 있는, 아주 작지만 밀도가 매우 높고 뜨거운 기체 덩어리인 백색 왜성이 된다. 별이 죽으면서 외곽을 구성하고 있는 기체는 밖으로 밀려 나가 성운이 된다. 2010년에 스피처 우주 망원경이 적외선 촬영한 이 이미지에서 가장 바깥쪽에 있는 가스층은 파란색과 초록색으로 나타나 있다. "눈"의 중간에 있는 빨간색 부분은 별이 죽을 때 밖으로 퍼져나간 가스층의 마지막 층이다. 중심부에 있는 밝은 빨간색 원은 백색 왜성을 둘러싸고 있는 먼지 원반으로, 별 주변에 있는 혜성에 의해 만들어졌을 가능성이 크다. 별이 그 가장 바깥층을 날려버리면 그 별에 속한 행성과 혜성도 서로 충돌하며, 혜성과 행성의 잔해로 이루어진 폭풍을 만들게 된다.

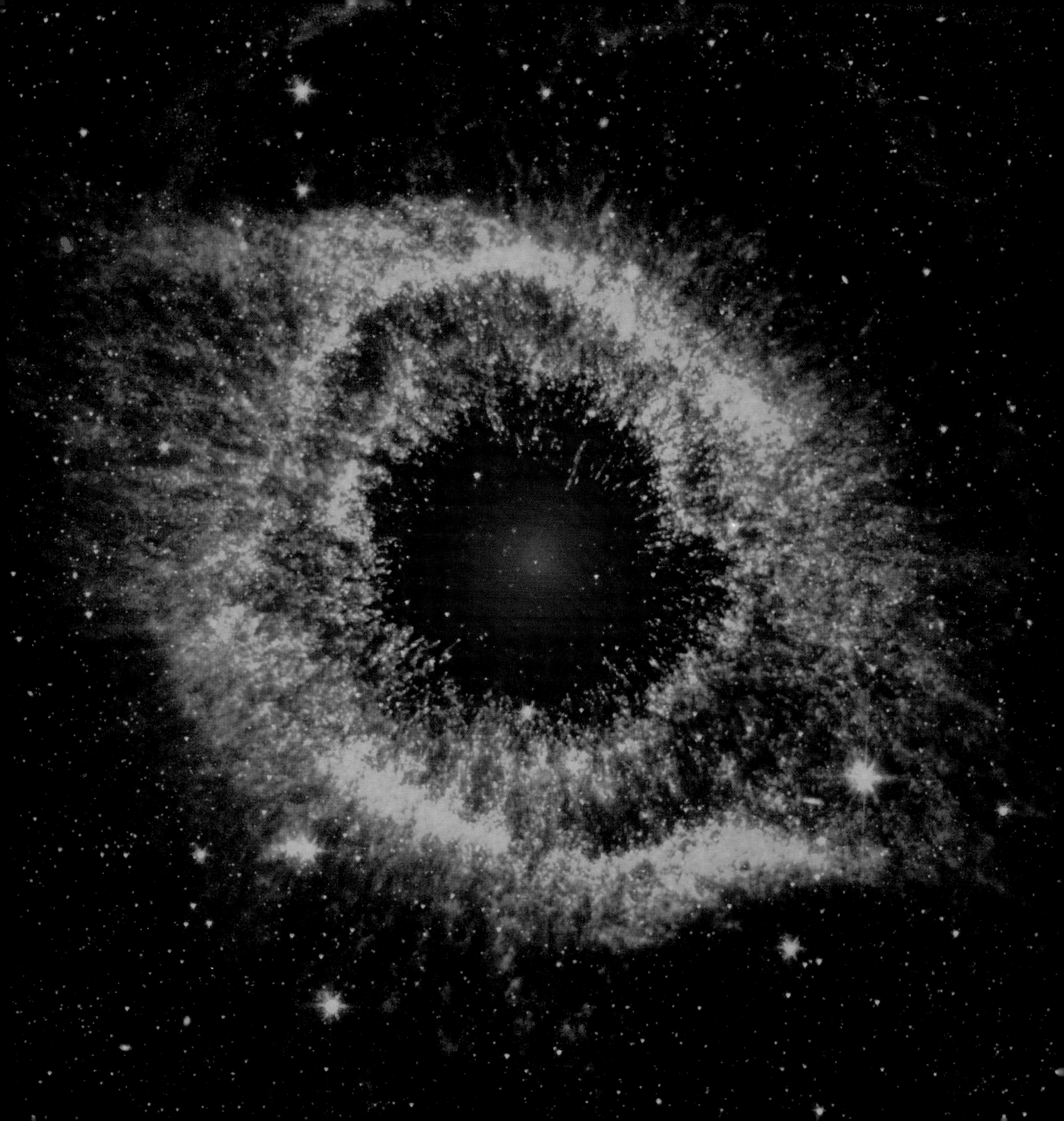

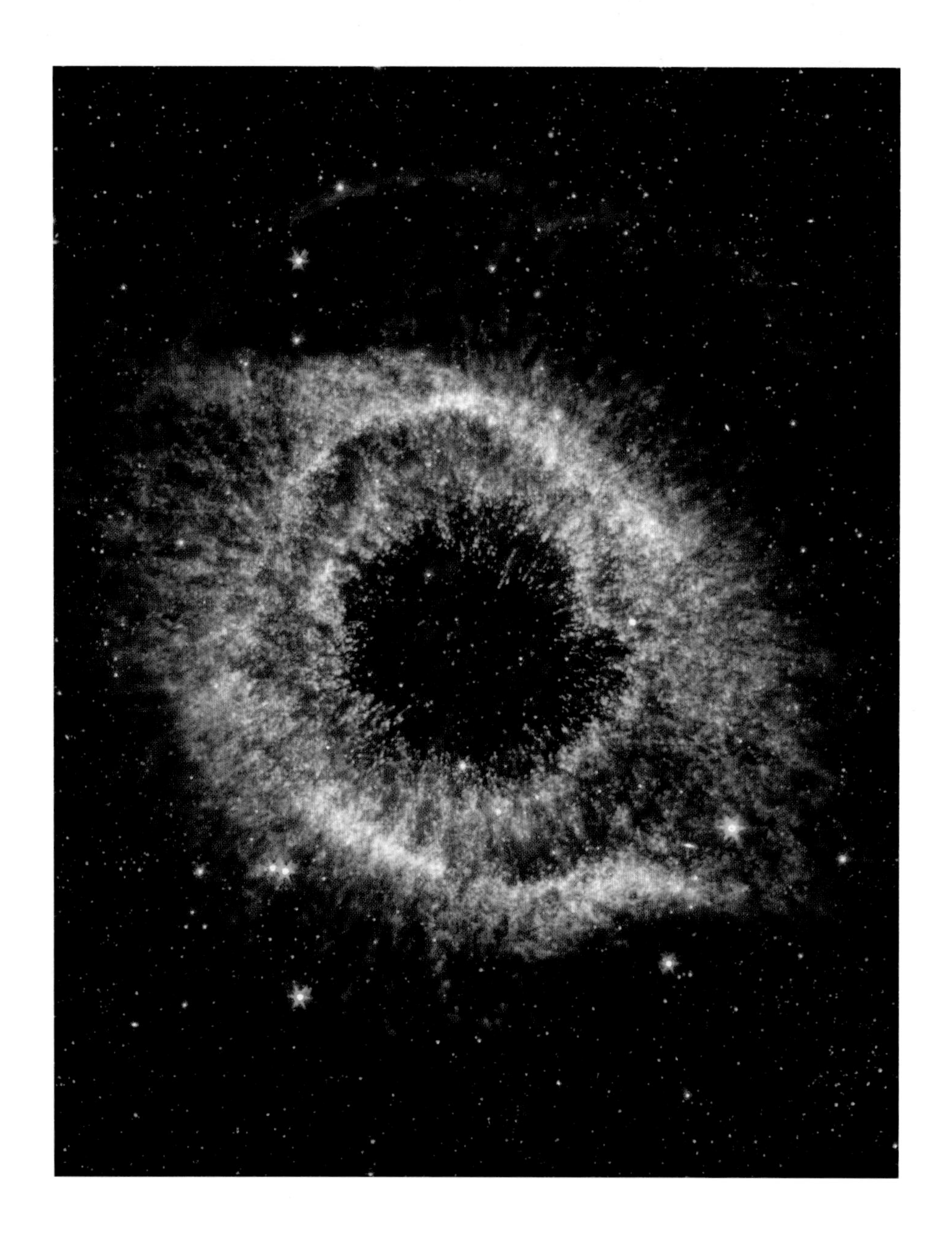

| 왼쪽 |

헬릭스 성운: 신의 눈동자

2007년에 스피처 우주 망원경이 촬영한 헬릭스 성운의 모습에서 거대한 별이 마지막으로 남긴 선명한 폭발 흔적을 볼 수 있다. 이 사진에서 볼 수 있는 헬릭스 성운은 6광년에 걸쳐 퍼져 있다. 헬릭스 성운은 지구에서 가장 가까운 행성상 성운 중의 하나이며, 중앙부의 아름다운 모습으로 인해 신의 눈동자라고도 한다. 이 성운에서는 적외선에서 자외선까지 다양한 파장의 빛이 나온다.

| 오른쪽 |

헬릭스 성운의 중심성

NASA의 스피처 우주 망원경과 갤렉스 우주 망원경(Galaxy Evolution Explorer, GALEX)이 2012년에 촬영한 헬릭스 성운의 모습. 죽어가는 별의 바깥층이 우주로 흩어져 나오면서 뜨거운 별의 핵에서 나오는 자외선을 방출한다. 갤렉스는 자외선을 파란색으로, 스피처는 먼지와 가스의 적외선을 노란색으로 촬영하였다. 중심부의 보라색 부분은 성운의 가운데에 있는 백색 왜성을 둘러싸 돌고 있는 먼지 디스크에서 방출되는 적외선과 자외선이 조합된 결과다.

| 왼쪽 |

마녀 머리 성운

공식적으로는 IC 2118이지만 이 성운의 윤곽은 마치 소리 지르는 노파의 모습을 닮아 있어서, 보통은 마녀 머리 성운으로 불린다. WISE가 촬영한 이 적외선 사진은 2013년 할로윈 데이에 발표하였다. 이미지에는 마녀 머리 성운의 희미한 모습이 담겨 있으며, 이는 이 지역이 수많은 별이 만들어지고 있는 지역이라는 사실을 감추고 있다. 지구에서 900광년 떨어진 에리다누스자리에 위치한 이 성운은 이 성운에서부터 40광년 떨어져 있는 리겔(사진에는 나와 있지 않음)의 빛을 반사하여 빛나고 있다. 푸른빛의 초거성(뜨겁고 밝은 별. 태양보다는 크지만 적색 거성보다는 작음)인 리겔은 밤하늘에서 여섯 번째로 밝으며 오리온자리에서 가장 밝은 별이다.

| 오른쪽 |

오리온 대성운

1,300광년 떨어진 오리온 대성운은 오리온자리의 허리띠 아래에 있는 칼 부분에 해당하는 곳에 위치하고 있으며, 밝은 점처럼 보이기 때문에 맨눈으로 보면 마치 별처럼 느껴진다. 뜨거운 분자의 구름이자 아기별을 만드는 공장인 오리온 대성운은 혼돈 그 자체라고 할 수 있다. 이곳은 우리와 가장 가까운 별 육아방이며, 수천 개 이상의 새롭고 밝은 천체로 가득하다. 허블 우주 망원경이 촬영한 가시광선 영역은 수소와 황이 풍부한 지역을 주로 초록색과 파란색 소용돌이로 표현하고 있으며, 스피처 망원경이 촬영한 적외선 영역은 다환 방향족 탄화수소로 알려진 분자가 빨간색과 주황색의 줄기로 나타나 있다. 다환 방향족 탄화수소는 타고 있는 불꽃이나 토스트 등 불이 있는 곳에서 쉽게 발견할 수 있다. 아름다운 후광 효과는 중심부에 있는 여러 거성에서 불어오는 고속의 항성풍으로 인해 발생한다. 이미지상의 초록색과 파란색 반점은 허블이 촬영한 항성이며 주황색-노란색 점은 스피처가 촬영한 어린 별이다.

| 왼쪽 |

오리온 대성운 안에 있는 트라페지움

오리온 대성운의 모습을 담고 있는 이 이미지는 2004년에서 2005년에 걸쳐 허블 우주 망원경이 촬영한 520장의 사진을 합친 것이다. 오리온 대성운은 수천 개의 새로운 별들의 고향으로, 이 이미지에는 약 3,000여 개의 별이 담겨 있으며 이 별들은 먼지와 가스로 구성된 거대한 협곡의 한구석을 피난처로 삼는다. 이 성운의 중심부를 트라페지움(Trapezium)이라고 하며, 이곳은 성운에서 가장 무거운 별들의 고향이다. 이 성단을 구성하고 있는 4개의 중요한 별을 각각 a, b, c, d별이라 하며, 이 별들은 태양의 질량과 비슷한 수천 개의 가벼운 별에서 나오는 빛으로 둘러싸여 있다. 이 거대한 별에서 나오는 자외선은 주변에 가스 원반을 가지고 있는 작은 별들의 성장을 방해한다. 이미지의 왼쪽 위에서 밝게 빛나는 부분인 H II 영역(최근에 별이 생성된 지역)은 1개의 별에서 나오는 밝은 자외선으로 인해 생성되었다.

| 위 |

갈색 왜성

이름에 속지 말자. 2006년 허블 우주 망원경이 촬영한 이미지에 나타난 어두운 빨간색 별은 오리온 대성운 안에 있는 갈색 왜성으로, 조금 비하하는 의미가 담긴 "실패한 별"로도 알려져 있다. 오리온 대성운에서 가장 흔한 별인 갈색 왜성은 적외선 관측을 통해서만 볼 수 있다. 태양 질량의 1%에 불과한 이 별은 매우 작고 차가우며 그 중심에서 핵융합이 일어나지 않는다. 이 이미지에는 갈색 왜성에서 뿜어 나오는 뜨거운 가스와 먼지의 제트가 이웃한 별의 빛을 받아 빛나고 있는 모습이 담겨 있다. 이는 아주 작은 갈색 왜성 자체보다 더 밝다.

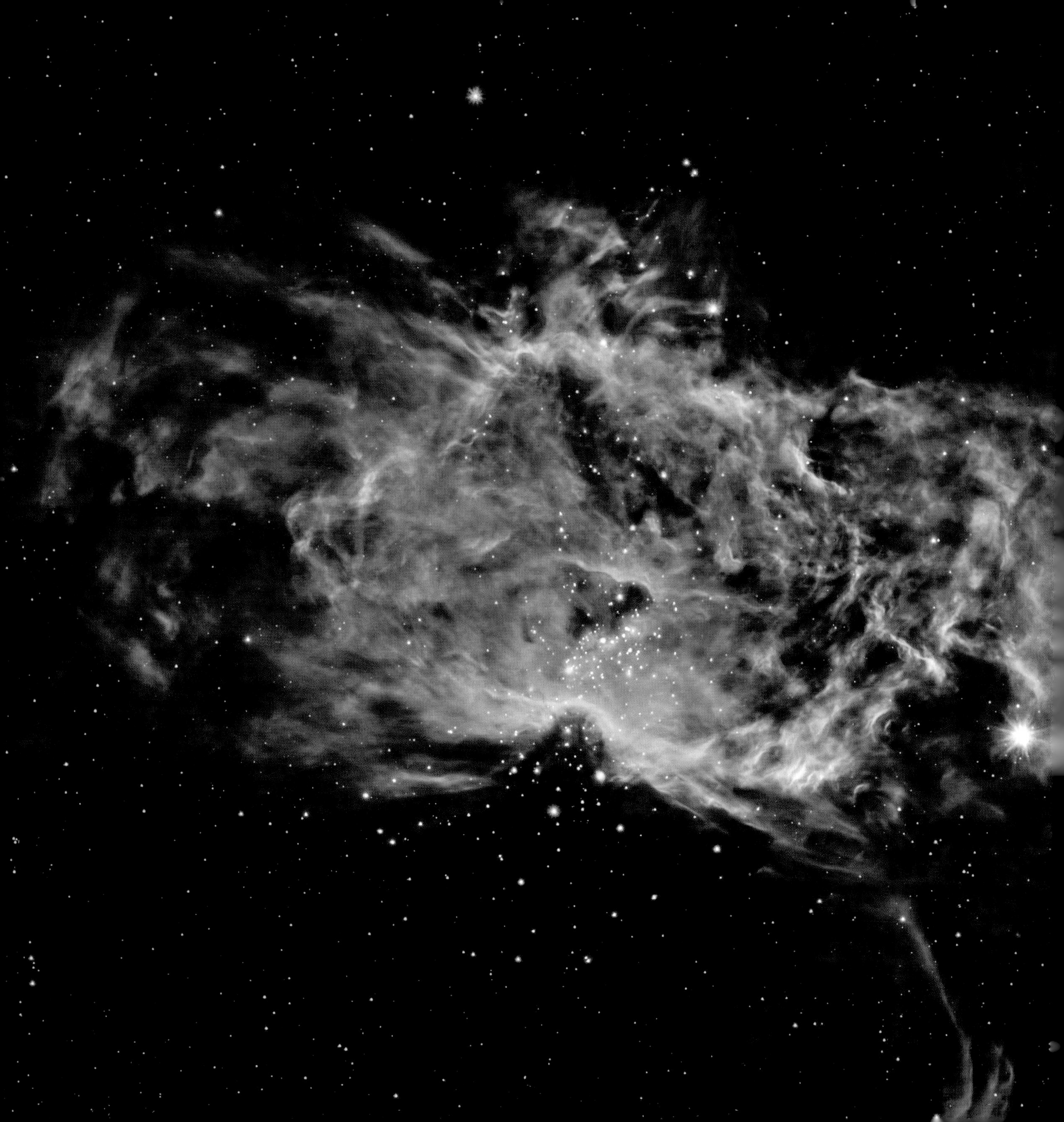

| 오른쪽 |

HH 110: 우주 로켓

HH 110은 HH(Herbig–Haro, 허빅–하로) 천체이다. HH 천체는 가스로 이루어진 제트 한 쌍이 새로 생성된 별에서 반대 방향으로 분출되면서 생성된다. HH 110은 7월 4일(미국 독립기념일, 이때 불꽃놀이를 한다. 역자주)의 불꽃놀이와 비교되지만, 그보다는 지구에서 1,500광년 떨어진 곳에서 수소 분자 구름을 내뿜고 있는 뜨거운 올드 페이스풀(Old Faithful) 간헐천이라 할 수 있다. 이 이미지는 허블 우주 망원경에 장착된 ACS로 2004년과 2005년에 촬영한 데이터와 광시야각 카메라 3으로 2011년 4월에 촬영한 데이터를 조합한 것이다. HH 천체는 다양한 모양을 하고 있으며 불꽃놀이를 할 때 발생하는 연기보다 수백만 배나 옅다. 때로는 HH 천체가 차가운 기체와 부딪쳐 교통체증과 같은 현상이 발생한다. 제트 앞에 있는 기체는 제트와의 충돌로 인해 속도가 느려지지만, 그 뒤에서 가스가 계속 공급되기 때문에 온도가 올라가며 앞쪽이 빛나게 되고 마치 뱃머리같이 형상이 바뀌게 된다. 이 현상을 바우 쇼크(Bow Shock)라고 하는 이유이다. 제트의 속도와 위치, 불규칙성을 측정함으로써 HH 천체의 근원이 되는 별에 관한 중요한 정보를 얻을 수 있다. 하지만 안타깝게도 과학자들은 아직까지 HH 110의 근원 별이 어떤 것인지 알지 못한다.

| 왼쪽 |

불꽃 성운에서 생성되는 별

이 아름다운 이미지는 불꽃 성운 안에 있는 성단 NGC 2024의 모습을 담고 있다. 이 성단은 지구에서 1,400광년 떨어져 있으며 오리온자리의 동쪽 끝자락에 위치하고 있다. 불꽃 성운은 태양보다 질량이 20배 높은 별에 의해 빛나고 있지만 그 별의 빛은 성운의 먼지에 의해 40억 배 어두워져 우리 눈에는 보이지 않는다. NASA의 찬드라 X선 관측 위성과 스피처 우주 망원경이 촬영한 NGC 2024의 모습에서 과학자들은 성단이 형성되는 과정에 관한 귀중한 정보를 얻을 수 있었다. 성단의 가장자리에 있는 별은 나이가 가장 많은 반면 성단의 중심부에 있는 별들은 상대적으로 어리다. 찬드라와 스피처는 별의 밝기를 이용하여 별의 질량과 나이를 판독한다. NGC 2024 중심부에 있는 별은 평균적인 나이가 약 20만 년이며 가장자리에 있는 별들은 약 150만 년 정도다. 이런 현상에 대한 다양한 이론이 있지만 어떤 과학자들은 외곽 지역의 가스가 중심부에 비해 희미하기 때문에 외곽에서는 별이 잘 생성되지 않을 것이라고 설명한다. 한편 중심부에서 만들어진 별이 나이를 먹어가면서 점차 성단 바깥쪽으로 이동한 것이라고 설명하는 과학자도 있다.

| 오른쪽 |

용골자리 에타(ε)별

2005년, 스피처 우주 망원경이 카리나(Carina는 용골자리를 의미, 역자주) 성운 중심에 있는 용골자리 에타별을 둘러싸고 있는 극적인 이미지를 촬영하였다. 지구에서 약 7,500광년 떨어져 있는 용골자리 에타별은 초거성(태양보다 약 100배 무겁고 백만 배 밝음)으로, 우리 은하에서 가장 무거운 별 중의 하나이다. 이를 둘러싸고 있는 성운은 눈이 부시도록 밝은 용골자리 에타별의 빛에 의해 빛나고 있다. 이 별의 적외선은 성운에 있는 먼지 입자에 침투하여 물질 안쪽에 구멍을 만들고 밀도가 높은 기둥이 별을 향하도록 한다. 이 이미지에서 먼지는 빨간색으로, 뜨거운 가스는 초록색으로 빛나고 있다. 1843년, 용골자리 에타별에는 의사 초신성(Supernova Imposter)이라는, 자체 질량의 상당수를 내뿜는 현상이 있었다. 이는 별이 폭발하기는 하지만 항성 그 자체가 파괴되지는 않는 현상을 의미한다. 천문학자들은 용골자리 에타별이 핵연료를 빠르게 소모함에 따라 다음 백만 년 동안에 궁극적으로 초신성이 될 것이라고 믿고 있다.

| 위 |

HH 34

2012년 3월에 스피처 우주 망원경이 촬영한 이 이미지에는 작은 별의 양옆에서 마치 초록색의 선처럼 보이는 제트가 뿜어져 나오는 모습을 볼 수 있다. 오른쪽에 있는 제트는 원래 가시광선으로 관찰이 가능했고, 왼쪽의 제트는 먼지와 가스로 이루어진 어두운 구름으로 가려져 있기 때문에 스피처의 적외선 기술을 통해서만 볼 수 있다. HH 34 시스템은 오리온자리에 있으며 지구에서 약 1,400광년 떨어져 있다. HH 천체는 가스로 이루어진 제트 한 쌍이 비교적 젊은 별에서 서로 반대 방향으로 분출되면서 생성된다. 하지만 제트 그 자체는 어린 별을 감싸고 있는 가스 구체에서 생기는 것이며, HH 34의 가스 구체는 그 지름이 3천문 단위(AU, 1천문 단위는 지구에서 태양까지의 거리)이다.

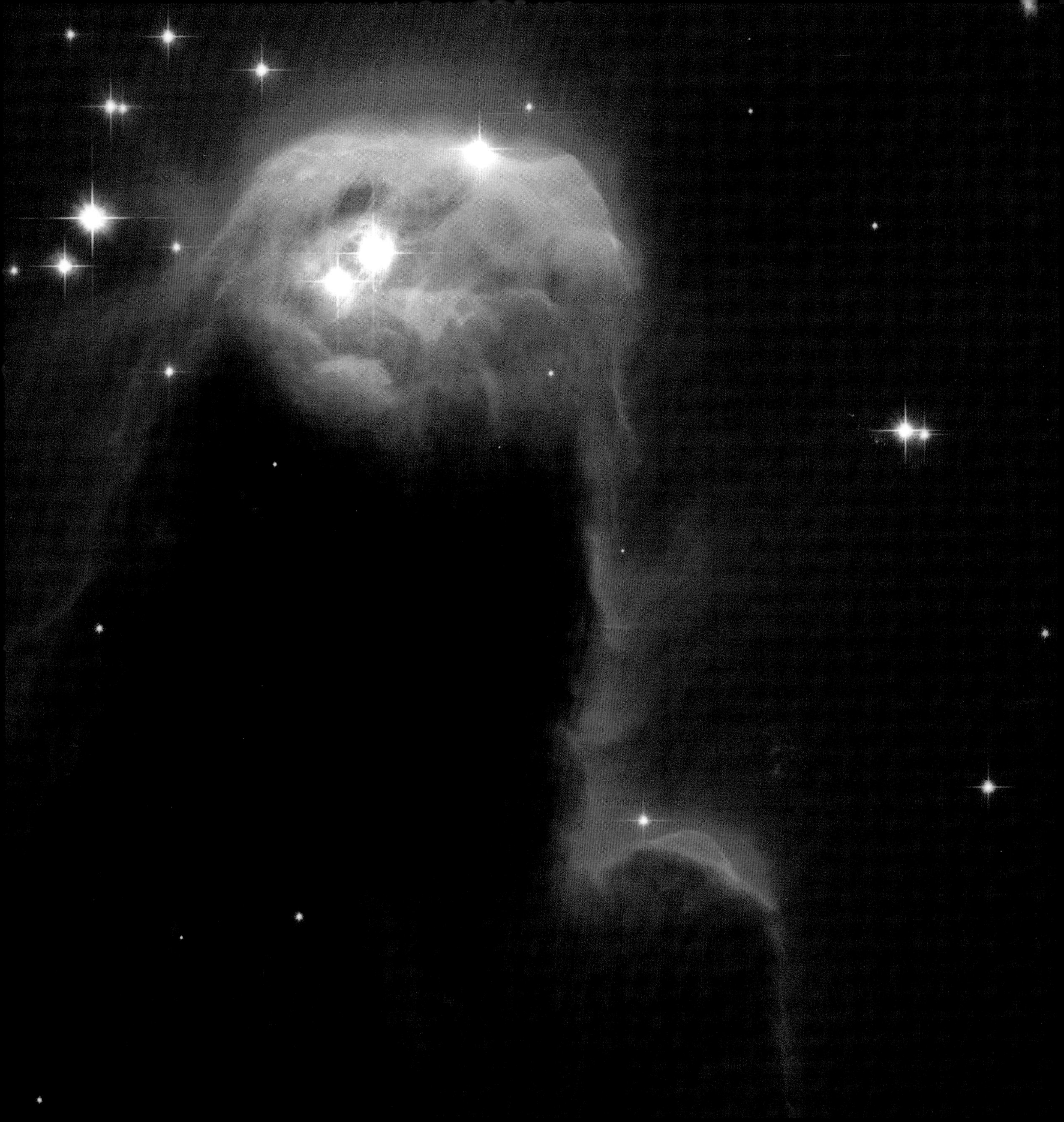

| 왼쪽 |

콘(Cone) 성운

먼지와 가스의 소용돌이에서 올라오는 진한 붉은빛을 내뿜는 콘 성운의 모습은 2002년에 허블 우주 망원경이 촬영하였다. 외뿔소자리에 있는 이 성운은 지구에서 약 2,500광년 떨어져 있으며, 그 안에서 활발하게 별이 만들어지고 있다. 이 성운의 윗부분은 2.5광년에 걸쳐 펼쳐져 있는데, 이는 지구와 달 사이를 2,300만 번 왕복할 수 있는 거리에 해당한다. 주변에 있는 별에서 오는 청백색 빛은 먼지가 밀집해 있는 짙은 덤불에 반사되는 반면, 자외선은 성운을 가열하여 붉은빛으로 빛나게 한다. 시간이 지나면 콘 성운에서 밀도가 높은 지역만 남고 나머지는 항성풍에 의해 파괴되어 사라질 것이다.

| 오른쪽 |

우주의 눈송이 성단

스피처 우주 망원경이 2005년에 촬영한 이 이미지는 지구에서 2,600광년 떨어져 있고 외뿔소자리에 있는 크리스마스 트리 성운의 모습을 담고 있다. 이 성운은 삼각형 모양을 하고 있어 붙여진 이름이다. 이 크리스마스 트리에서 가장 아름다운 장식품은 눈송이 성단으로써, 두꺼운 먼지로 가려져 있는 원시별(새로 탄생한 별)이 우아하게 늘어서 있다. 먼지가 푸른빛을 흡수하여 이 별들은 분홍색과 빨간색으로 보인다. 이미지의 밝은 초록색 부분은 먼지와 뒤섞여 있는 유기물 분자이며 주변에서 탄생한 별빛에 의해 빛나고 있다. 눈송이 성단 내부에 있는 원시별 가까이에 있는 노란색 점들은 같은 성운에서 형성된 거대한 어린 별이다. 별들은 바큇살과 같은 모습으로 늘어서 있는데 이는 원시별에서 일반적으로 관찰된다. 이 성단의 나이는 불과 수십만 년에 불과하며, 시간이 지날수록 바큇살 모양의 패턴은 해체되어 별들은 각자의 길을 떠나 진화하게 된다. 눈송이 성단보다 큰 크리스마스 트리 성단의 주요 별들은 우리 눈에는 보이지 않으며, 스피처 우주 망원경의 적외선 이미지를 통해 관찰할 수 있다.

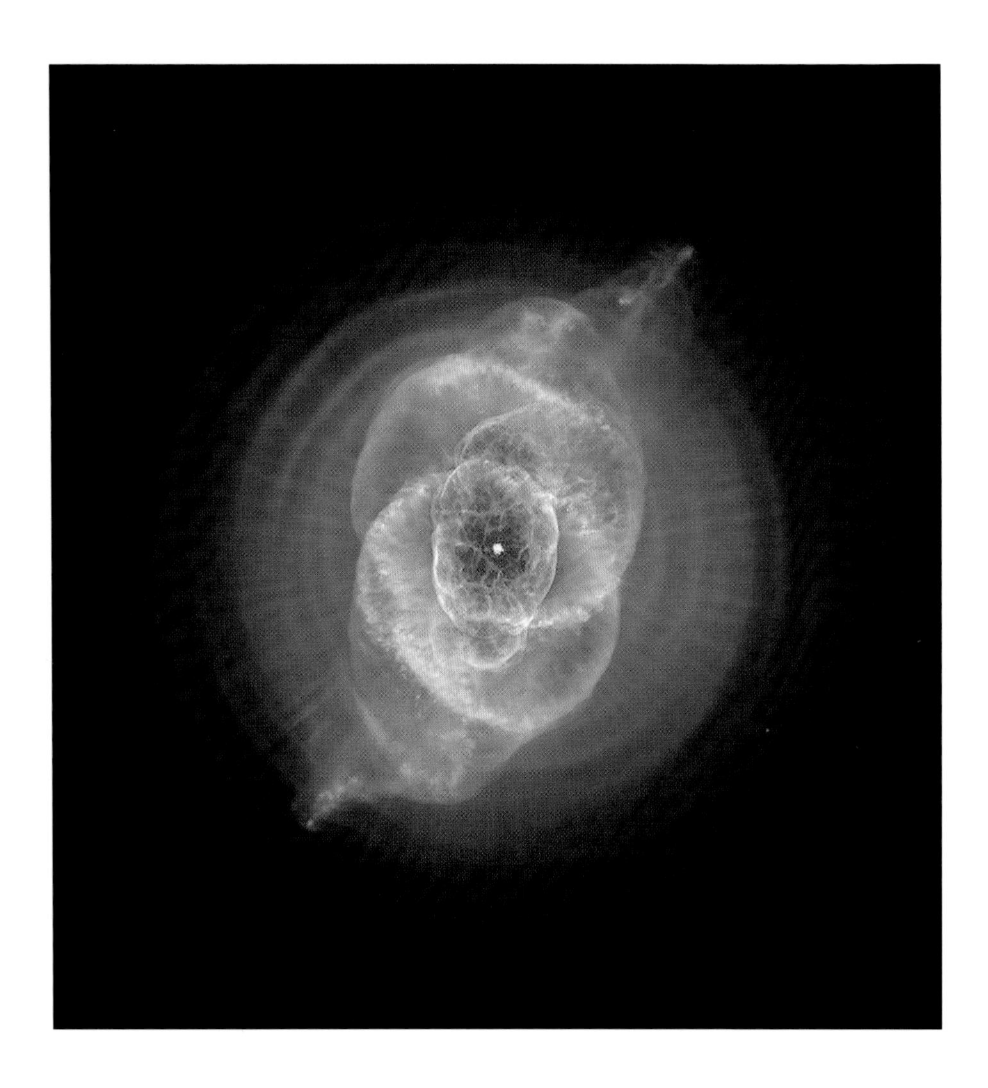

| 왼쪽 |

고양이 눈 성운

2002년 5월에 허블 우주 망원경이 촬영한 NGC 6543은 지구에서 3,262광년 떨어져 있으며 고양이 눈 성운이라는 별칭을 가지고 있다. 이 빛나는 우주의 환영은 행성상 성운으로, 이는 태양과 비슷한 별이 바깥쪽의 가스층을 날려 버리면서 생성된다. 이 성운의 독특한 모양을 만드는 데에 관한 많은 이론이 있다. 어떤 과학자들은 가운데 있는 중심성의 자기장 활동에 의한 것으로 생각하고, 다른 과학자들은 고리가 가스의 파동에 의해 나중에 생성된 것이라 믿는다. 어찌 되었든 간에 과학자들은 이 성운이 빠른 속도로 팽창하고 있음을 관측하였다.

| 오른쪽 |

백조자리

2011년, NASA의 WISE가 밤하늘의 어두운 석호를 떠다니는 백조자리 심장부에 있는 별이 탄생하고 있는 구름을 촬영하였다. 지구에서 1,800광년 떨어져 있는 별 사드르(Sadr)는 백조의 심장에 해당하는 곳에 있으며 이미지 왼쪽 위에서 노란색으로 빛나고 있다. 이 별은 매우 밝지만 이 사진에서는 주변의 성운이 빛을 가리고 있다. 나비 성운(원문에는 Cygnus Nebular로 되어 있으나 Sadr 주변에 있는 성운은 나비 성운(Butterfly Nebular, IC 1318)으로 부르는 것이 일반적이다. 역자주) 주변의 별에 의해 가열되어 가시광선을 방출하는 발광 성운이며, 린드(Lynd) 암흑 성운이라고 불리는 어두운 틈이 존재한다. 이미지 중앙 오른쪽 위에는 초록색의 구름 속에 자리 잡은 곡선 형태의 희미한 빨간색 성운이 보이는데, 이것은 초승달 성운이다. 만약 나비 성운을 육안으로 볼 수 있다면 보름달의 1/4에 해당하는 크기로 보일 것이다.

갈매기 성운

갈매기 성운의 모습이 담겨 있는 이 이미지는 WISE가 2010년에 적외선 촬영한 것이다. 이 촬영을 위해 WISE에 탑재되어 있는 4개의 모든 촬영 장비를 활용하였으며, 이 이미지에 담긴 화각은 달보다 7배 길고 3배 높다. 갈매기 성운은 지구에서 3,800광년 떨어져 있다. 사진의 중앙에 있는 갈매기의 "눈" 근처의 성단은 이 성운에서 가장 밝고 뜨거운 부분을 구성하고 있으며 이로 인해 먼지가 적외선으로 빛나고 있다. 물론, 갈매기를 볼 수 있는지는 관점에 따라 다르며 다양한 해석이 가능하다.

카시오페이아자리 카파(κ)별

카시오페이아자리 카파별은 거대한 청색 거성으로 지구에서 4,000광년 떨어져 있다. 이 별의 속도는 매우 빨라서 별의 자기장, 항성풍 그리고 눈에 보이지 않는 기체와의 충돌에 의해 바우 쇼크가 생긴다. 스피처 우주 망원경의 적외선 촬영 장비가 촬영한 카시오페이아자리 카파별의 바우 쇼크(파란색 별 주위에 있는 빨간색 원)는 너무나 강렬하여 이 별에서부터 4광년 떨어져 있는 곳까지 뻗어 있다. 이것은 태양에서 우리와 가장 가까운 별인 센타우르스자리 프록시마별까지의 거리와 동일한 거리이다. 우리 태양도 바우 쇼크를 가지고 있지만 태양은 느릿느릿 움직이기 때문에 시각적으로 감지할 수 없다. 이 이미지는 2014년 2월 20일에 촬영하였다.

| 왼쪽 |

우주 거품

지구에서 4,300광년 떨어져 있는 RCW 120은 전갈자리에 있는 성운으로 초록색 부분은 적외선으로만 탐지가 가능하다. 2011년 6월 14일에 스피처 우주 망원경이 촬영한 초록색으로 빛나는 고리는 뜨겁고 무거운 청백색인 O별(별은 온도에 따라 분류하는데 온도가 높은 별에서 낮은 순으로 OBAFGKM 순서로 나열하게 된다. 역자주)에서는 일반적이다. 항성풍이 우주 먼지와 충돌하면서 거대한 별 주위에 고리가 형성된다. 초록색 지역은 별이 태어나고 죽는 중앙의 빨간색 지역에 비해 온도가 조금 낮다. 항성풍에 의해 만들어진 지역인 항성 거품은 일반적이며, 은하수 프로젝트(Milky Way Project)에 참여하면 전문가가 아니더라도 망원경을 이용하여 목록을 만들고 분류하는 데 참여할 수 있다. 은하수 프로젝트는 대중 과학 연구를 위한 자원봉사를 할 수 있는 주니버스(Zooniverse)에 있는 수많은 공공 천문 프로젝트 중의 하나이다.

| 오른쪽 |

가스와 먼지로 이루어진 애벌레

지구에서 4,500광년 떨어져 있고 그 길이가 1광년인, 애벌레를 닮은 형상의 먼지와 가스를 이 이미지에서 볼 수 있다. 사진상에는 없지만 이곳에서 15광년 떨어져 있고 백조자리 OB2 항성계를 이루고 있는 O별에서 나오는 강력한 자외선의 흐름에 의해 이런 모양이 만들어졌다. 이 애벌레는 사실 이제 막 생긴 별이며 주변에 있는 가스 덩어리에서 물질을 흡수하고 있다. 가스와 먼지를 흡수함에 따라 이 별은 마침내 우리 태양과 같거나 10배 이상 크기의 별로 성장하게 된다. 이 근사치의 범위가 넓은 이유는 이웃 별에서 오는 자외선 복사가 먼지와 가스 덩어리를 날려버리게 되면, 이 별의 질량은 태어났을 때보다 줄어들기 때문이다. 이 이미지는 허블 우주 망원경의 ACS로 2006년 촬영한 이미지와 지상에 있는 아이작 뉴턴 망원경이 2003년 촬영한 것을 합친 것이다.

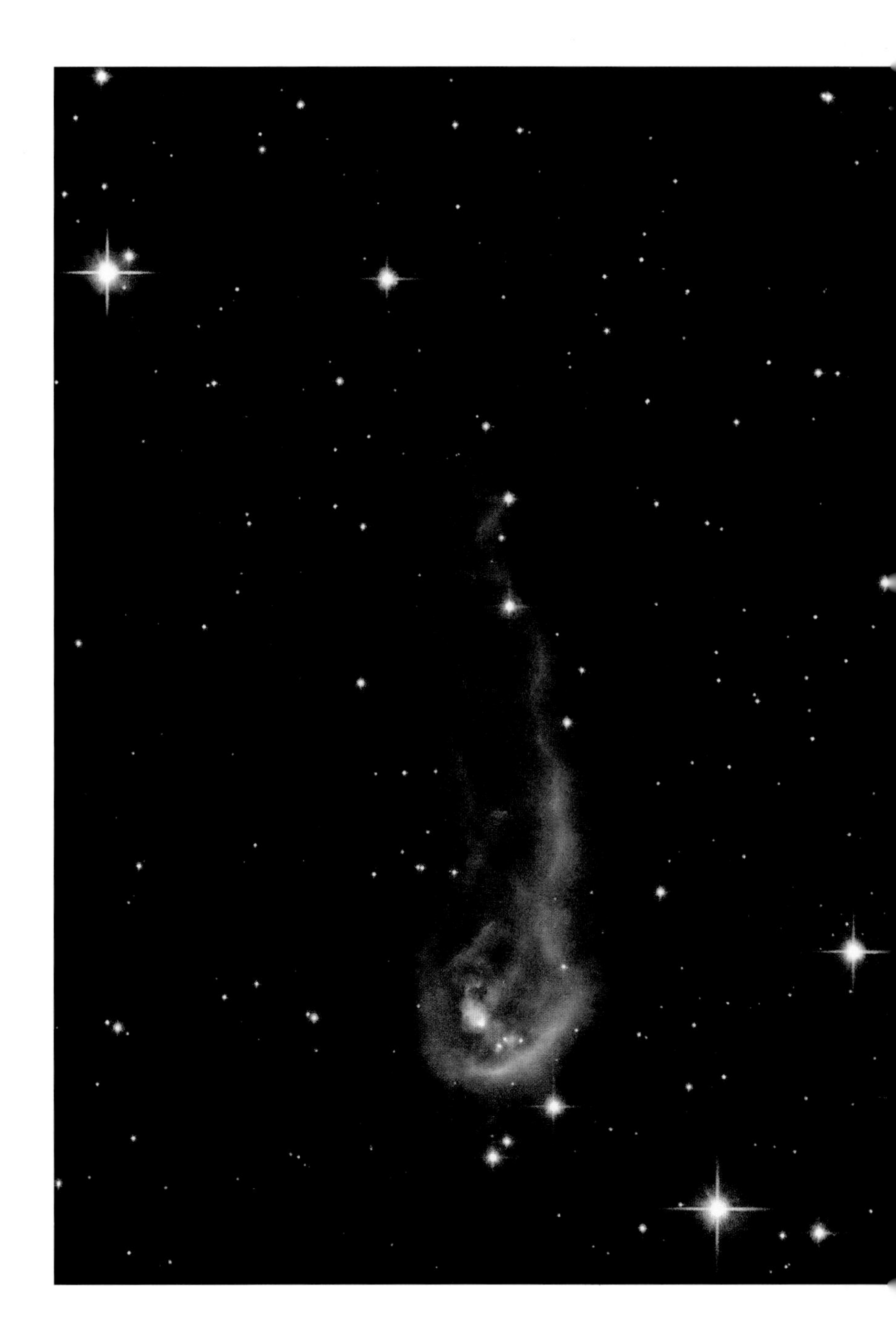

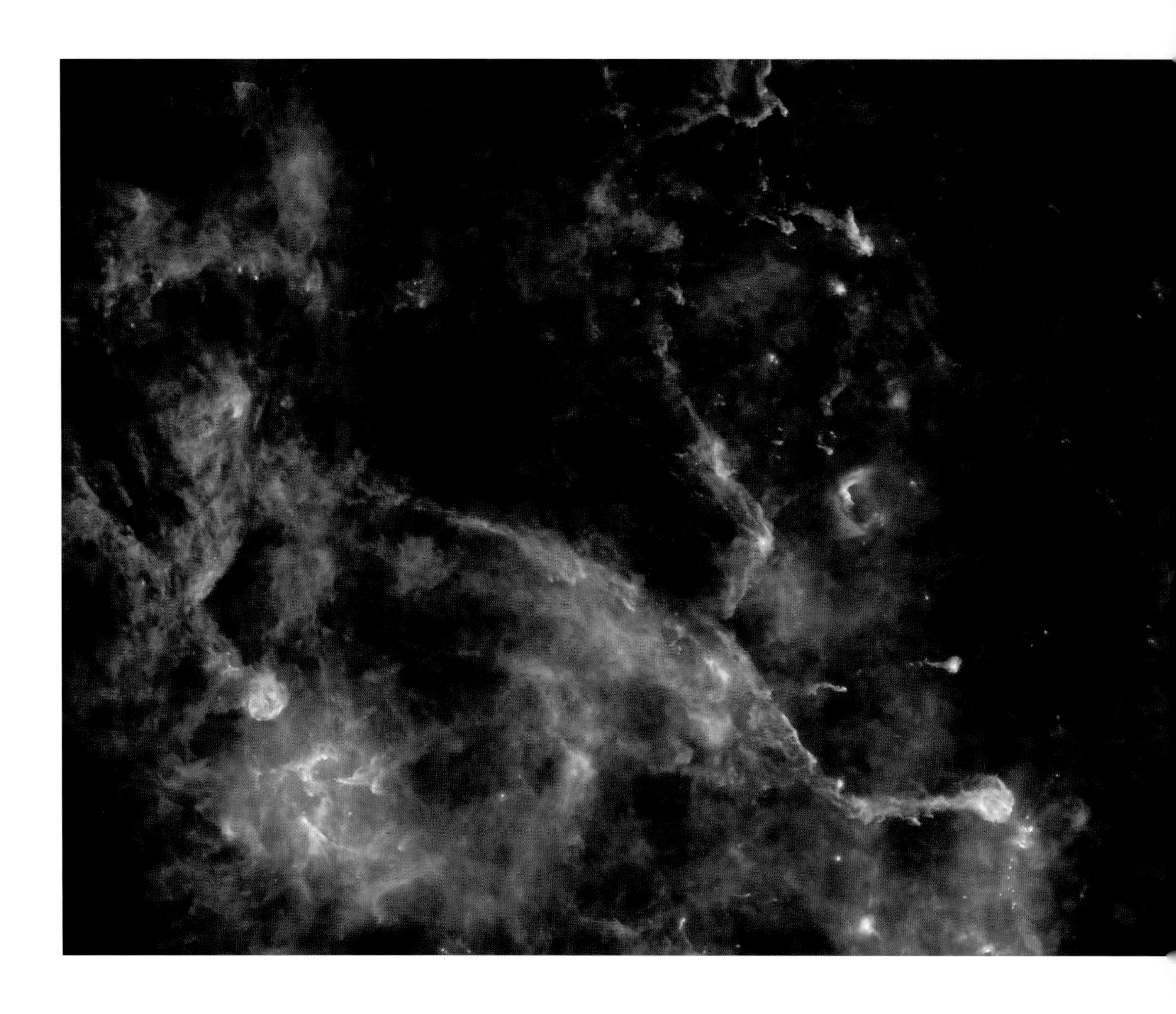

백조자리-X

백조자리-X는 지구에서 4,600광년 떨어진 별이 형성되는 지역이다. 이 지역에는 수많은 원시별이 있으며 우리가 알고 있는 가장 큰 분자 구름과 가까이 있다. 이 이미지는 허셜 우주 관측소가 2010년 5월 24일과 12월 18일에 촬영하였으며, 언젠가 새 별을 만들 재료가 되는 거대한 가스와 먼지구름의 모습을 보여 준다. 이 지역의 빛은 성간 먼지가 흡수하기 때문에 단순히 가시광선뿐만 아니라 다양한 파장의 전자기장을 연구하기에 좋다. 허셜은 원적외선 파장을 선명하게 포착할 수 있기 때문에 백조자리-X와 같이 별이 탄생하는 장소를 매우 상세히 연구할 수 있게 해준다.

| 위 |

백색 왜성

지구에서 5,600광년 떨어져 있고 전갈자리에 있는 M4(메시에 4)는 우리 우주에서 가장 오래된 부분의 일부를 매혹적인 모습으로 보여 준다. M4는 백색 왜성을 담고 있는 구상 성단이며, 120억 년에서 130억 년 전에 생성된 최초의 별을 일부 포함하고 있다. 2002년에 허블 우주 망원경이 촬영한 이 이미지는 구상 성단의 아주 작은 영역(약 1광년의 넓이)을 확대해서 보여 준다. 이미지상의 밝고 흰색 점은 백색 왜성으로써 보통은 찾아내기가 쉽지 않지만, 이 이미지는 67일의 기간 동안 8일의 노출을 주어 촬영하였다. 과학자들은 이 성단이 초창기에 우리 은하를 둘러싸고 있던 먼지와 입자로 구성된 거대한 헤일로에서 형성된 것으로 추측하고 있다. 별들은 서로의 중력에 의해 빽빽하게 밀집되어 밀도가 높은 공 모양의 성단이 되었다.

| 오른쪽 |

해파리 성운

5,000광년 떨어져 있는 해파리 성운의 비현실적인 모양은 이름에서 알 수 있듯이 해파리와 닮았다(이 사진은 적외선으로 촬영한 이미지가 아니기 때문에 성운의 해파리 모양 구조는 잘 보이지 않는다.). 2010년, NASA의 WISE가 촬영한 이미지에는 5,000년에서 1만 년 전에 폭발한 별의 잔해로 이루어진 성운의 모습이 담겨 있으며, 색상의 차이는 적외선의 강도와 파장의 차이를 의미한다. 해파리 성운 북쪽 껍질인 자주색 부분은 철, 네온, 규소, 산소 기체에서 나오는 빛이고, 이보다 조금 작은 남쪽 껍질은 푸르스름한 색을 띠고 있으며 이 빛은 수소 기체에서 방출되는 것이다. 북쪽 껍질은 빠른 충격파에 의해 만들어졌으며 남쪽 껍질은 더 느린 속도로 생겨난 것으로 생각된다.

W3과 W5 분자 구름

이 이미지는 2013년, GLIMPSE 360(Galactic Legacy Infrared Mid-Plane Survey Extraordinaire 360, 은하 평단면 360도 특별 적외선 탐사) 프로젝트의 일부로써 촬영한 것이다. 이 프로젝트를 통해 은하수의 완전한 360도 이미지를 얻을 수 있었다. GLIMPSE 360 프로젝트는 스피처 우주 망원경을 은하 중심 방향에서 멀어지게 한 후 은하 평면 전체를 기록하였다. 이 이미지는 밝은 분홍색의 W3, W5라는 별이 생성되고 있는 분자 구름이 있는 사진 일부분을 확대한 것이다. 이 성운은 6,200광년 떨어져 있으며, 우리 은하의 페르세우스 팔(우리 은하를 구성하고 있는 나선팔 중의 하나. 역자주) 안에 포함되어 있다. 이 구름은 초신성이었던 별의 잔해이다. 한편, 페르세우스 팔은 우리 은하의 중심에서 가장 먼 곳에 있으며 전체 지름은 10,700파섹 즉 34,898광년이다.

| 왼쪽 |

W5: 우주의 요람

NASA의 스피처 우주 망원경이 거대한 분자 구름이자 별이 탄생하는 장소인 W5의 모습을 촬영하였다. 흐릿한 헤일로에 있는 구멍 속을 떠도는 파란색 점은 아주 오래된 별들이며, 창백한 구름 지역에서 분홍색으로 빛나는 것은 어린 별이다. 오래된 별에서 흘러나온 가스 기둥은 가스가 냉각 및 수축하면서 새로운 별을 낳는다. W5는 약 2,000광년에 걸쳐 있으며 지구에서 6,500광년 떨어져 있다.

| 오른쪽 |

게 성운의 자세한 모습

2005년, 허블 우주 망원경이 촬영한 이 이미지는 게 성운의 모습을 역사상 가장 자세하게 보여 주고 있다. 이 이미지는 24개의 독립적인 사진을 합친 것으로, 각각의 사진은 최고 해상도로 촬영하였다. 크기는 5광년이며 지구에서 6,500광년 떨어져 있는 게 성운은 밤하늘에서 가장 유명한 초신성 폭발 잔해 중 하나이다. 이 초신성 폭발은 1054년에 중국 천문학자가 최초로 발견하였으며 폭발한 잔해는 오늘날에도 점점 퍼져 나가고 있다. 1844년, 아일랜드의 천문학자 윌리엄 파슨스는 이 성운의 모습이 갑각류의 다리와 닮았다고 해서 게 성운이라고 이름을 붙였다. 이후에 망원경을 이용한 관측을 통해 게 다리와 닮지 않은 것으로 판명 났지만, 이름은 그대로 고정되었다. 초신성은 별이 죽으면서 가지고 있던 대부분의 물질을 우주로 쏟아내며 폭발함과 동시에 엄청나게 밝아지는 별을 의미한다. 일반적으로 2가지 종류의 초신성이 존재하는데 첫 번째는 쌍성계에서 발생하는 초신성으로써 백색 왜성이 그 주변을 돌고 있는 별에 있는 물질을 빨아들이다가 너무 무거워지면서 폭발하는 경우이고, 두 번째는 1개의 별이 그 수명을 다하면서 폭발하는 것이다. 아주 무거운 별인 경우에만 초신성이 된다(달리 말해, 우리 태양은 초신성이 되지 않는다.). 별이 핵연료를 전부 소모하면, 그 질량이 점차 핵으로 빨려 들어가게 되며 결국 핵이 너무 무거워져 중력으로 인해 스스로 무너지게 된다. 그 결과, 우주의 불꽃놀이가 터지게 된다.

| 왼쪽 |

게 성운

이 게 성운 이미지는 허블 우주 망원경과 허셜 우주 관측소가 촬영한 사진을 합성한 것이다. 허블이 촬영한 가시광선 영역은 파란색으로, 허셜이 촬영한 먼지가 포함된 분자의 원적외선 사진은 불그스름한 분홍색으로 나타나 있다. 먼지구름은 게 성운의 중심에 있는 게 펄서(Crab Pulsar)에 의해 움직이며 게 펄서는 이 성운의 중심에 있는 빠르게 회전하는 중성자별을 의미한다.

| 오른쪽 |

게 펄서

에너지가 높은 영역의 중심에 있는 밝은 점은 중성자별인 게 펄서이다. 중성자별은 우주에서 가장 작고 밀도가 높은 별로, 보통은 직경이 10km 정도이며 초당 700회 정도 회전한다. 중성자별은 전설의 불사조와 같이 커다란 별의 핵이 무너지면서 초신성이 될 때 탄생한다. 중력이 작용하여 양성자와 전자가 결합함으로써 중성자별이 형성되는 것이다. 성운의 중심에서 전파를 내뿜고 있는 게 펄서는 1968년에 발견되었으며 태양보다 10만 배나 높은 에너지를 가지고 있다. 펄서는 주로 X선과 감마선을 방출하며 2개의 자극을 가지지만, 게 펄서는 다양한 파장을 방출하며 4개의 자극을 가지고 있다. 천문학자들은 이 별이 초신성 폭발의 잔해물로 생성되었으며 2개의 추가적인 자극은 기능이 마비된 것으로 생각한다. 2005년에 촬영한 이 게 성운 이미지에서 중심의 밝은 파란색(중성자별과 전자기 방출) 부분은 찬드라가 촬영한 X선 이미지이며, 어두운 파란색-보라색, 초록색으로 보이는 가시광선 영역은 허블 우주 망원경이, 빨간색으로 보이는 적외선 이미지는 스피처 우주 망원경이 촬영하였다. 가시광선이나 적외선에 비해 X선은 빠르게 산란되기 때문에 게 성운 중심부의 파란색 영역은 상대적으로 작다.

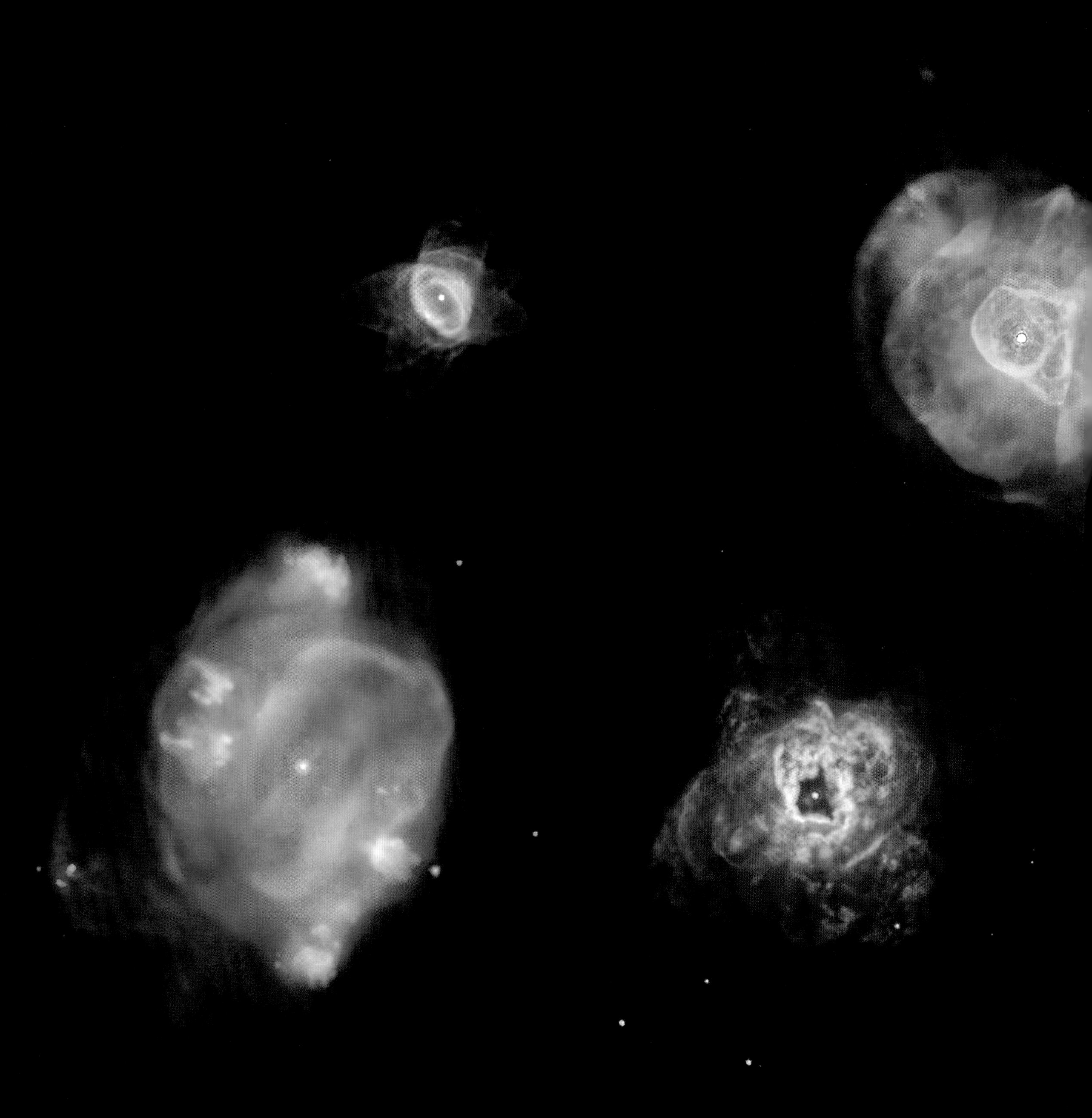

4개의 행성상 성운

허블 우주 망원경이 촬영한 이 이미지에 담겨 있는 4개의 성운은 각각 지구에서 7,000광년 떨어져 있다. 광시야각 행성 카메라 2(현재는 사용되지 않는다.)를 이용해 2007년 2월에 촬영하였고, 모양과 특징 그리고 화학적인 과정이 각각 다른 성운의 모습이 담겨 있으며 별이 죽을 때의 과정과 물질에 관한 중요한 정보를 알 수 있다. 왼쪽 위에 있는 성운은 HE 2-47(용골자리에 위치)이며 불가사리 성운이라는 별칭이 있다. 이 불가사리의 다리는 이 성운이 가스 물질을 서로 다른 방향으로 최소한 3번 방출했다는 것을 알려 준다. 오른쪽 위는 IC 4593(헤라클레스자리에 위치)이며 위, 아래 방향으로 가스를 분출하고 있다. 이 제트의 끝에는 빨간색으로 빛나는 질소 덩어리가 존재한다. 왼쪽 아래에는 NGC 5307(센타우르스자리에 위치)은 비틀거리며 죽어가는 별에 의해 생긴 것으로 추측되는 비대칭 나선형 패턴이 특징이다. 마지막으로 오른쪽 아래에 있는 NGC 5315(나침반자리에 위치)의 X자 모양의 패턴은 죽어가는 별에서 서로 다른 두 방향으로 물질이 방출되었다는 것을 의미한다.

| 왼쪽 |

카리나 성운의 신비로운 산

아름다운 풍경을 닮았지만 카리나 성운은 우리의 상상력을 뛰어넘는 낯선 우아한 혼돈의 모습을 보여 준다. 별들이 활발하게 활동하고 있는 지구에서 7,500광년 떨어진 이곳은 새로 태어난 별들의 요람이며, 그 주변 환경은 평화로움으로 가득하다. 새 별이 방출하는 이온화된 기체의 제트와 전하를 띤 입자로 인해 더 많은 별들이 생겨난다. 허블 우주 망원경이 2010년에 2월에 촬영한 이 이미지에는 성운 안에 있는 가스와 먼지로 이루어진 거대한 기념비라고 할 수 있는 신비로운 산의 모습이 담겨 있다. 이미지 중앙부에는 각각 HH 901과 HH 902라는 한 쌍의 제트가 중앙의 "봉우리"에서 뻗어 나가는 것을 볼 수 있다. 이 제트는 별을 둘러싸고 있는 소용돌이 원반에서 분출되는 것이다. 이미지의 색상은 빛을 발하는 원소에 의해 각각 다르게 나타난다. 산소는 파란색, 수소와 질소는 초록색, 그리고 황은 빨간색이다.

| 오른쪽 |

피스미스 24(PISMIS 24)

NGC 6357 성운은 지구에서 8,000광년 떨어져 있으며 전갈자리에 위치하고 있다. NGC 6357의 중앙부가 10광년에 걸쳐 있는 이곳은 거대한 질량을 가진 밝은 파란색 별로 구성된 성단 피스미스 24의 고향이기도 하다. 사실, 이 별은 인류가 발견한 별 중에서 가장 무거운 별에 속한다. 2006년 4월에 허블 우주 망원경에 탑재되어 있던 광시야각 행성 카메라 2로 촬영한 이 이미지의 오른쪽 성운 안에 밝은 별이 하나 있는 것을 볼 수 있다. 이 별에서 나오는 복사 에너지가 가스와 먼지로 이루어진 기둥에 충돌하면서 물에 떨어진 잉크 방울이 퍼지는 것과 같은 효과를 만들었다. 이런 패턴은 항성운, 복사에 의한 압력, 자기장, 중력 등에 의해 생성된다. 이 이미지의 빛은 성운에 있는 이온화된 수소에서 나오는 것이다.

| 왼쪽 |

팩맨 성운

거대한 별은 보통 너무 멀리 떨어져 있으며, 그 별의 활동으로 발생한 가스와 먼지구름으로 둘러싸여 있기 때문에 자세히 연구하기가 쉽지 않다. 팩맨 성운(비디오 게임에 등장하는 캐릭터와 닮아서 붙여진 이름이나 이 확대 사진에서는 그 형태를 알아보기 힘들다.)으로 잘 알려진 NGC 281은 지구에서 9,600광년 떨어져 있긴 하지만 우리 은하 평면(우리 은하 질량의 대부분을 차지하는 평면)에서 1,000광년 떨어져 있기 때문에 그 모습을 선명하게 볼 수 있다. 2011년에 만든 이 이미지의 X선 정보는 찬드라 X선 관측 위성이 촬영하였으며, 보라색으로 나타나 있다. 스피처 우주 망원경이 촬영한 적외선 관측 정보는 빨간색, 초록색, 파란색으로 표시되어 있다. 보라색 지역은 이 부분의 가스가 550만 도 이상으로 가열되어 있음을 나타낸다.

| 오른쪽 |

카시오페이아 A

2002년, 허블 우주 망원경이 11,000광년 떨어진 곳에 있는 카시오페이아 A를 촬영하였다. 카시오페이아 A의 폭발 잔해는 퍼레이드 풍선에서 떨어지는 형형색색의 꽃종이나 불꽃놀이의 강렬한 불꽃을 연상케 한다. 하지만 화려한 모습은 이 별의 운명에 대해 착각을 불러일으킨다. 카시오페이아 A는 11,000년 전에 초신성 폭발을 일으킨 거대한 별이었지만 폭발로 인한 빛이 지구에 도달한 것은 1600년대 말이다. 이 폭발은 우리 은하에서 일어났던 가장 강력한 초신성 폭발 중 하나이다. 카시오페이아 A가 별이었을 때, 그 질량은 우리 태양의 20배 정도였다. 그 정도로 큰 별은 우리 태양과 같은 정도의 별에 비해 연료를 1,000배나 빨리 소모하기 때문에 화려하게 살다가 빨리 죽는다. 하지만 그들의 죽음은 헛된 것이 아니라 폭발 후 남은 잔해가 뭉쳐져 새로운 별과 행성이 탄생하는 기반이 된다.

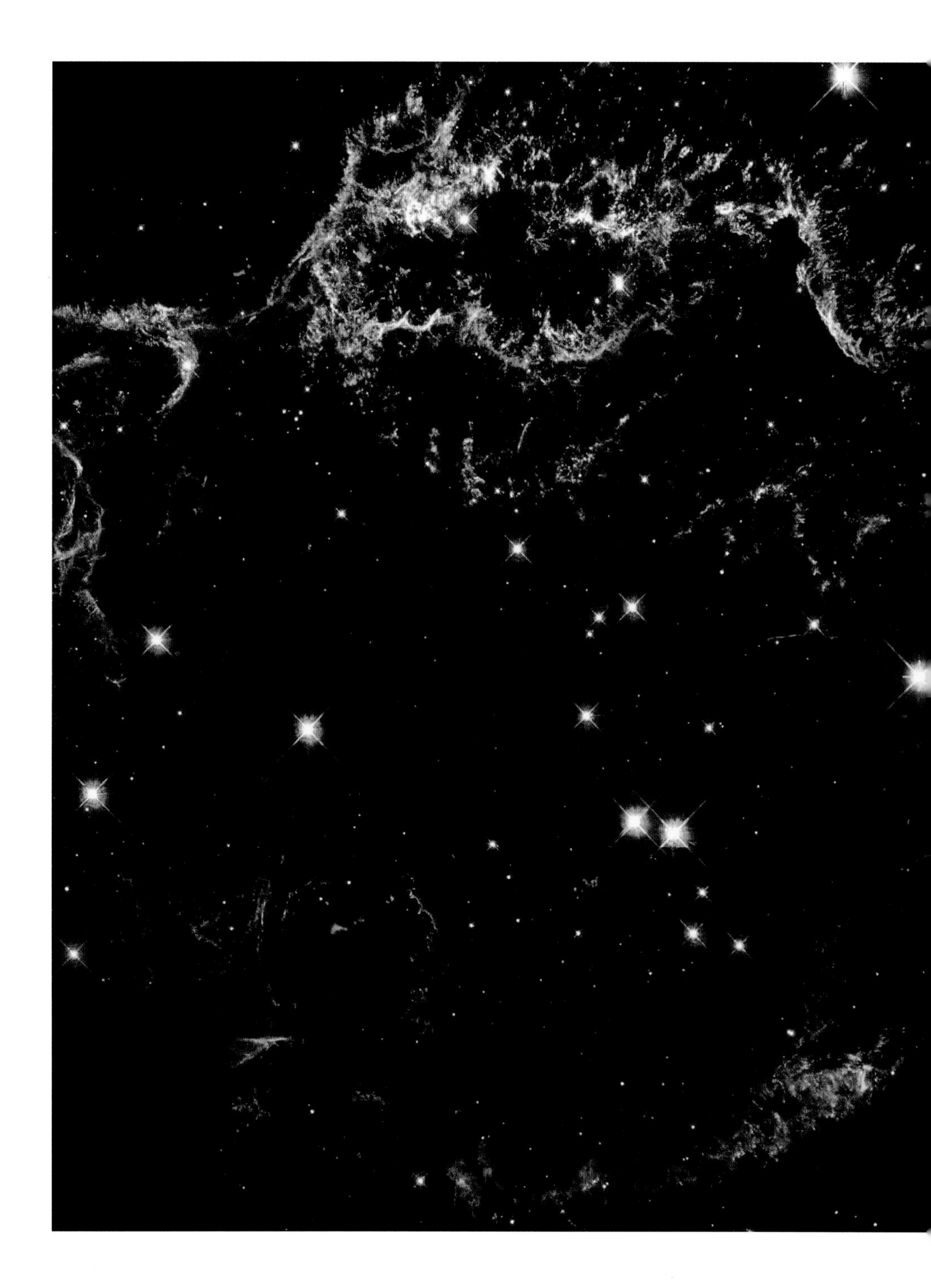

카시오페이아 A: 초신성 폭발의 충격파

약 1만1천 년 전에 초거성인 카시오페이아 A별이 줄어들어 중성자별이 되면서, 별의 외곽 부분이 폭발하고 초신성이 되었다. 계산에 의하면 약 330년 전, 이 폭발로 발생한 빛이 1667년에 지구에 도달하여 사람들이 볼 수 있었지만 이에 관련된 기록은 현재 남아 있지 않다. 1947년에 이 초신성에서 방출된 전파가 포착되었으며 이는 오늘날 하늘에서 가장 강력한 전파원 중의 하나이다. 2012년에 WISE가 촬영한 이 이미지에서 초신성 폭발 시 발생한 충격파의 모습을 나타내는 밝은 초록색 구름 모양을 볼 수 있다. 이 충격파는 주변을 가열하면서 우주로 날아간다. 충격파의 속도는 초당 17,703km이며, 이미 21광년의 범위로 퍼져나갔다. 반면, 초신성의 빛은 300광년 이상 날아가고 있다.

| 위 |

초신성 잔해

허블이 촬영한 이 색띠는 약 1천 년 전에 폭발한 별에서 유래한 초신성 잔해의 일부분이다. 이 빛의 리본은 폭발로 인한 충격파가 주변에 있는 가스와 충돌한 지점을 보여 준다. SN 1006은 1006년에 처음 관측되었으며, 아프리카와 아시아의 천문학자들이 기록을 남긴 바 있다. 7,000광년 떨어진 곳에서 폭발한 이 백색 왜성은 한동안 인간이 볼 수 있는 가장 밝은 별이었다. 금성보다도 더 밝았으며, 어두워지기 전에는 약 2년 반 동안 관측이 가능하였다. 1960년대에 전파 천문학자들은 이 초신성이 있었다고 기록된 위치에서 시직경이 달만한 둥근 모양의 초신성 잔해를 발견하였다(전파 망원경으로만 감지가 가능). 초신성 잔해의 크기를 통해 물리학자들은 이 초신성의 충격파가 지난 1천 년 동안 시간당 3,200만km의 속도로 퍼져나갔다는 것을 밝혀냈다. 초신성 잔해의 지름은 60광년이며, 지금은 시간당 960만km의 속도로 퍼져나가고 있다. 이는 성간 먼지와 구름으로 인해 느려진 것이다. 이 사진은 ACS가 2006년 2월에 촬영한 이미지와 광시야각 행성 카메라 2가 2008년 4월에 촬영한 것을 합친 것이다.

| 오른쪽 |

계층형 거품 구조

NASA의 스피처 우주 망원경이 2013년에 촬영한 이 적외선 이미지는 시민 과학 프로젝트인 은하수 프로젝트를 통해 자원봉사자가 발견한 현상의 모습을 담고 있다. 이 이미지 중앙부에서 어둡게 보이는 거대한 거품을 볼 수 있으며, 이는 촘촘하게 응집된 무거운 별들에 의해 가스가 방출되면서 만들어진 것이다. 에너지 분출은 우주 먼지(거대한 거품의 서쪽과 남쪽 끝에 있는 두 군데의 밝은 노란색으로 나타나 있는 지점) 속에 구멍을 만들며, 그 결과로 인해 그 주변에 일련의 작은 거품이 생겨난다. 이러한 가스 방출은 무거운 새 별의 형성을 촉발하며 이 별은 계속해서 거품을 우주로 불어 날려 보낸다.

큰부리새자리 47

큰부리새자리 47로 알려진 이 구상 성단은 지구에서 15,000광년 떨어져 있다. 이 성단에 속해 있는 별은 약 100억 년 정도 되었을 것이라 추측되며, 과학계에 알려진 가장 오래된 천체에 속한다. 빨간색 별은 수명이 거의 다 된 적색 거성이고, 노란색 별은 우리 태양과 같이 중년의 나이에 이른 별이다. 산발적인 파란색 별은 이 오래된 성단에서도 새로운 별이 아직 만들어지고 있음을 보여 준다. 허블 우주 망원경에 탑재되었던 광시야각 행성 카메라 2가 1999년에 촬영한 이 이미지는 한밤에 북적거리는 거대 도시의 반짝거리는 스카이라인을 떠오르게 한다. 그러나 이곳에는 별 이외에 다른 것은 없으며 이는 아마도 성단이 너무나 뜨거워 행성이 생성될 수 있는 발판을 마련하지 못한 것으로 생각된다.

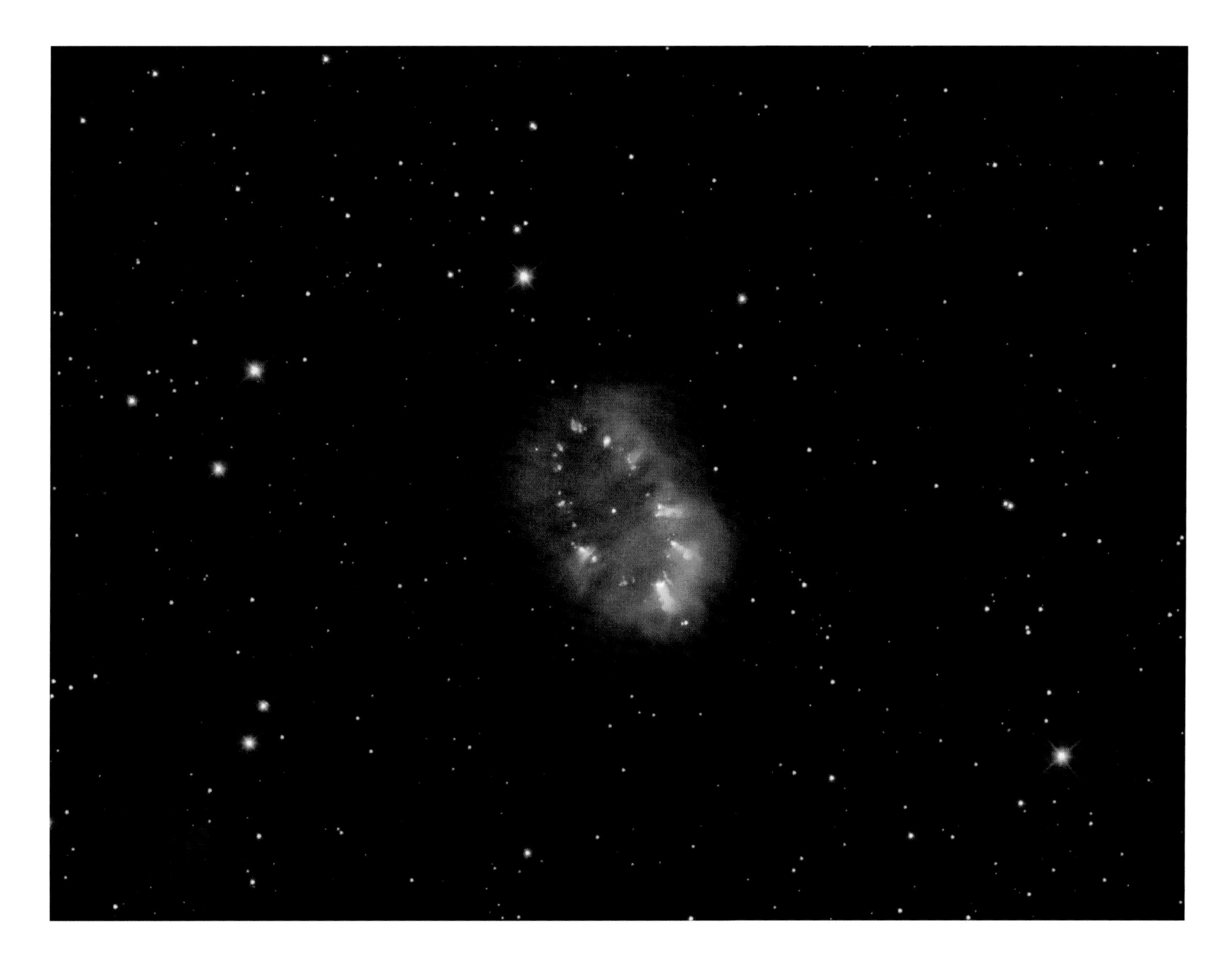

우주 목걸이

행성상 성운인 목걸이 성운은 사수자리에 있으며 지구에서 약 15,000광년 떨어져 있다. 이 성운은 2005년, 지상에 있는 망원경인 아이작 뉴턴 망원경으로 행성상 성운을 연구하는 H-α 사진 조사 연구 도중에 발견되었다. 행성상 성운은 별의 잔해물로 만들어지며, 우리 태양도 약 50억 년 후에 죽으면 행성상 성운이 될 것이다. 2011년, 허블 우주 망원경에 탑재된 광시야각 카메라 3으로 촬영한 이 특이한 행성상 성운은 거성이 태양 크기의 동반성(Star Companion)과 근접하면서 생성되었다. 살아남은 별들은 여전히 서로 공전하고 있으며, 1만 년 전에 별의 외곽으로 뿜어져 나온 물질은 성운이 되었고 각 별은 물질을 공유한다. 가장 넓은 쪽을 측정한 성운의 지름은 9광년이다.

| 오른쪽 |

외뿔소자리 V838

허블 우주 망원경에 탑재된 ACS로 2004년 2월 8일에 촬영한 이 이미지는 선명한 색상과 불규칙한 소용돌이무늬 때문에 종종 반 고흐의 그림과 비교되곤 한다. 이 이미지에서는 이전에는 볼 수 없었던 수 조km까지 뻗어 나와 있는 먼지의 헤일로와 빛줄기를 볼 수 있다. 먼지와 빛은 초거성 V838을 둘러싸고 있다. 이 별은 외뿔소자리에 있으며 지구에서 2만 광년 떨어진 우리 은하의 외곽에 있다. 2002년, 이 별의 밝기는 여러 달에 걸쳐 수 등급 올라갔으며 태양보다 60만 배 밝아졌다. 빛의 메아리(Light Echo)로 알려진 갑자기 밝아지는 현상은 수만 년 전에 발생했을 가능성이 크다.

| 오른쪽 끝 |

빛의 메아리

2005년에 허블 우주 망원경이 촬영한 이미지로, 외뿔소자리에 있는 V838을 둘러싸고 있는 먼지와 가스의 소용돌이에서 발생한 빛의 메아리를 볼 수 있다. 빛의 메아리는 섬광이 먼지구름에 반사되어 우리가 볼 수 있게 되면서 발생한다. 별에서 발생한 빛이 먼지에 반사될 때, 먼지와 가스 안에서 선명한 패턴을 만들며 주변에 있는 천체를 밝게 한다. 처음에 별에서 발생한 빛은 먼지구름에서 계속 반사를 거듭하다가 그 빛의 메아리는 결국 한참 뒤에 지구에 도달하게 된다. 최초의 펄스가 발생했을 때 이 별이 실제로 폭발하거나 외곽 층이 날아간 것이 아니라 크기가 거대해진 것이며, 이때 온도는 가정용 백열전구 정도로 내려가게 된다. 별의 진화에서 죽음으로 향하는 이 짧은 변환기는 불안정한 늙은 별에서 가끔 관측되며, 예상치 못한 밤하늘의 볼거리를 만들기도 한다.

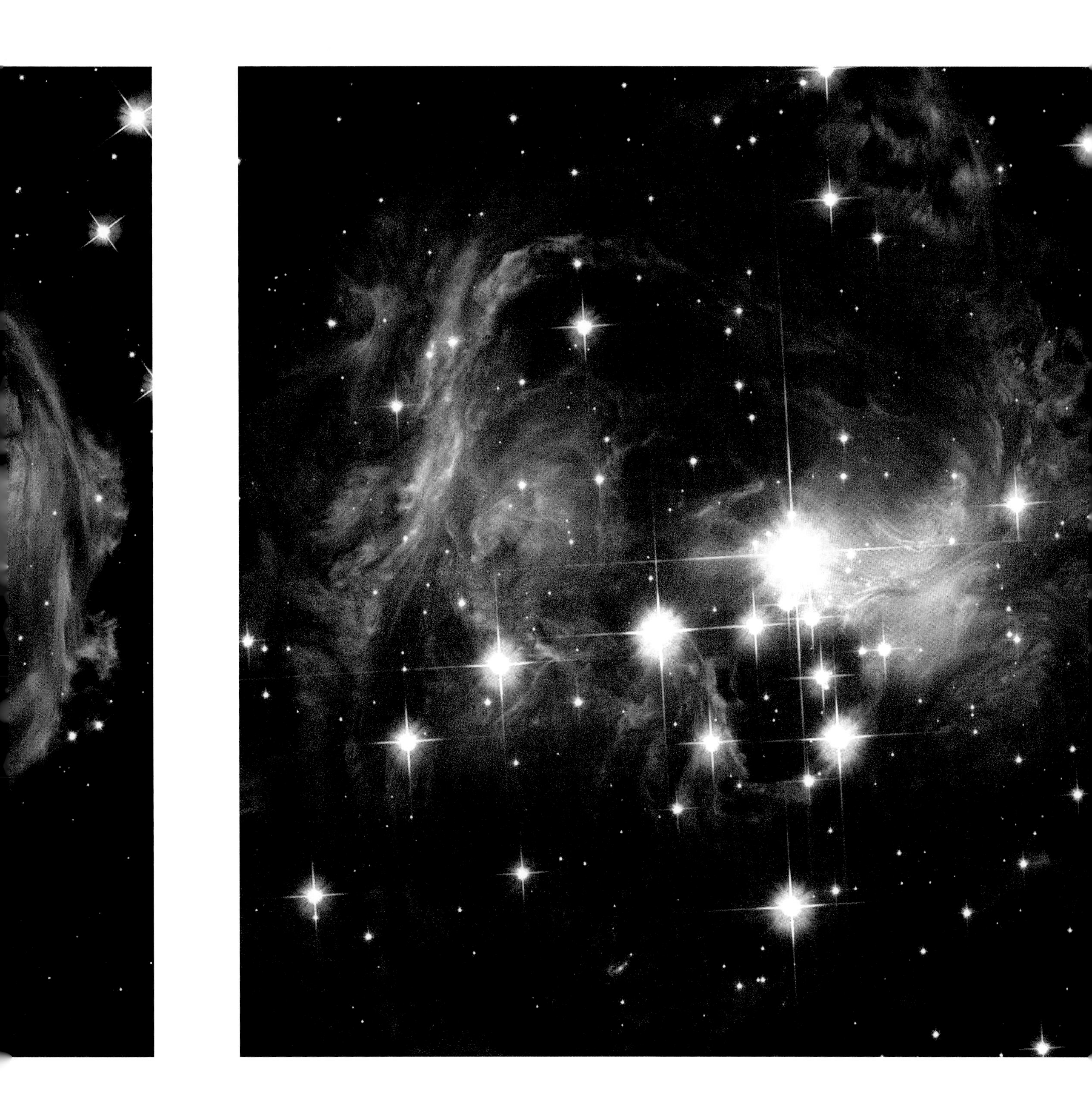

NGC 3603

NASA의 WISE가 2010년에 적외선과 가시광선으로 촬영한 NGC 3603의 모습이다. 이 성단은 우리 은하의 카리나 팔(Carina Arm)에 위치하며, 1834년 천문학자 존 허셜이 최초로 기록하였다. 이 성단은 지구에서 2만 광년 떨어져 있으며 지름은 17광년이다. 이 성단 안에 있는 무거운 별들은 밀도가 아주 높고 뜨거우며, 적외선을 방출하는 구름이 둘러싸고 있다. 미래의 어느 시점이 되면 초신성 폭발로 인해 이 지역은 흩어지게 될 것이다.

구상 성단

허블 우주 망원경이 촬영한 이 이미지에는 M13(메시에 13)이라고 하는 구상 성단의 모습이 담겨 있다. 이 성단은 지구에서 25,000광년 떨어져 있으며 헤라클레스자리에 있다. 10만 개 이상의 별로 구성된 이 성단은 밀집도가 높은 공 모양을 하고 있고, 북반구의 밤하늘에서 쉽게 볼 수 있다. 이 멋진 천체는 거대한 스노우글로브 혹은 반딧불이 집단처럼 느껴진다. 중력에 의해 이 지역의 밀도가 매우 높아 이곳에 있는 별은 평생 동안 성단 안에 머물게 된다. 이 성단의 중심에는 별의 밀도가 바깥쪽보다 수백 배나 높기 때문에 가끔은 별끼리 충돌하며 파란 낙오자라고 하는, 성단에서 가장 뜨거운 새로운 별을 만들게 된다. M13은 우리 은하에 있는 150여 개의 구상 성단 중 하나이며 구상 성단은 우주가 생성될 때 만들어진, 우리 은하보다 오래된 별을 가지고 있다. 이 이미지는 1999년 11월, 2000년 4월, 2005년 8월, 2006년 4월에 수집한 데이터로 만들었다.

| 이전 페이지 |

은하수 모자이크

WISE는 2012년, 이 우주의 놀라운 광경을 포착하여 2차원으로 보여 주고 있다. 지구 바로 위에서 바라본 것과 같이 하늘을 3차원의 구체로 촬영한 뒤, 이를 평탄화하여 타원형으로 표현하였다. WISE가 동면에 들어가기 전에 밤하늘 탐색 활동을 했던 고도 525km 지점을 시각의 기준으로 하였다. 이 이미지에서 원반형의 은하수는 지도를 가로지르는 수평 방향의 띠로 나타나 있으며, 중심 방향으로 갈수록 파란색-초록색으로 나타나 있는 별 무리가 점점 증가하고 있는 것을 볼 수 있다. 이 이미지 제작 시 소행성과 혜성은 모두 제거하였지만, 행성과 같이 느리게 움직이는 천체에 의한 흔적은 남아 있다. 사실, 이 사진에서 토성, 화성 그리고 목성이 남긴 빨간색 점으로 나타난 흔적을 이미지의 중심에서부터 각각 1시, 2시, 7시 방향에서 찾아볼 수 있다.

| 오른쪽 |

은하수 먼지

은하수는 먼지의 농도가 짙어서 가시광선으로 우리 은하의 중심을 보기는 어렵다. 2006년에 스피처 우주 망원경이 적외선을 이용하여 포착하기 힘든 우리 은하 중심의 모습을 촬영하였다. 지구로부터 25,000광년 떨어져 있는 지점이다. 각각의 점들은 개별적인 별을 의미한다. 이 사진의 폭은 우리 은하 중심부의 760광년에 이르는 범위를 담고 있으며, 사진 전반에 걸친 밝은 점들은 별이 태어나는 곳을 나타낸다. 사진의 중앙부 가장 밝은 부분에서 왼쪽으로 가면 밝은 점들이 있는데 여기가 바로 다섯 쌍둥이 성단(Quintuplet Star Cluster)이며 수명을 거의 다한 5개의 거대한 쌍성이 먼지구름 속에 놓여 있다. 이 이미지의 가장 밝은 가운데 부분이 우리 은하의 중심이며 이곳에서는 핵주위 원반(Circumnuclear Disk)이라고 하는 먼지 고리가 아주 무거운 블랙홀 주위를 돌고 있다.

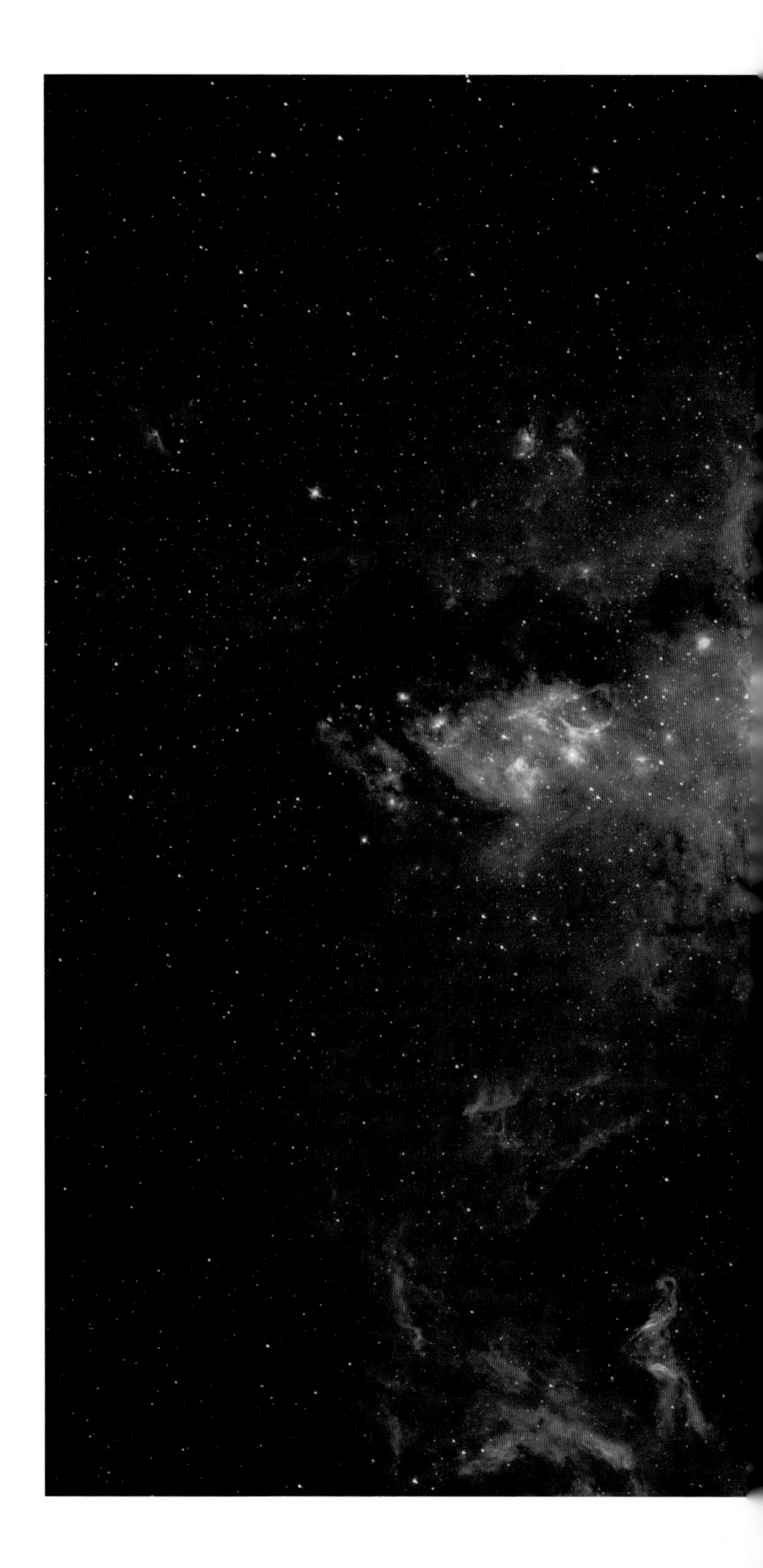

은하수의 중심부

은하수 중심부를 촬영한 이 놀라운 이미지를 만들기 위해 허블 우주 망원경, 스피처 우주 망원경 그리고 찬드라 X선 관측 위성이 힘을 합쳤다. 2009년, 과학자들은 우리 은하의 중심부인 이 사진 중앙의 하얗게 빛나는 부분에서 강렬한 활동이 일어나고 있다는 것을 발견하였다. 허블 우주 망원경의 근적외선 탐색 장치로 촬영한 노란색 부분은 별이 형성되는 장소를 보여 준다. 스피처가 적외선 촬영한 빨간색 부분은 별에서 나오는 복사 에너지로 빛을 내고 있는 먼지구름이다. 찬드라 X선 관측 위성이 촬영한 파란색과 보라색 부분은 뜨거운 기체의 복사와 우리 은하 중심에 있는 블랙홀에서 뿜어 나오는 화학 물질이 풍부한 고온의 가스를 보여 준다. 이 이미지의 왼쪽 끝에 있는 파란색 천체(파랗게 나타난 이유는 X선으로 촬영했기 때문이다.)는 중성자별을 숨기고 있는 것으로 생각되는 쌍성계이다.

모란꽃 성운

우리 은하의 중심에서 가까우며 지구에서 25,000광년 떨어져 있는 모란꽃 성운에 있는 별은 우리 은하에서 두 번째로 밝은 별이다. 이를 2008년에 스피처 우주 망원경이 발견하였고 그 모습을 촬영하였다. 이 성운에 있는 별은 사진 중심에서 간신히 구분할 수 있는 분홍색 점으로 나타나 있으며 밝기는 태양의 320만 배, 뿜어내는 빛의 양은 태양의 470만 배에 달한다. 이 성운의 별은 모란꽃 성운이라고 하는 두꺼운 가스로 가려져 있다.

타란툴라 성운

2012년, 찬드라 X선 관측 위성이 일련의 역동적인 기체 필라멘트가 삐죽하게 다리처럼 뻗은 화려한 색상의 황새치자리 30, 일명 타란툴라 성운의 모습을 포착하였다. 거대한 가스 폭발이 거미처럼 생긴 성운을 만들었다. 이 이미지에서 파란색은 X선 영역이며 높은 에너지를 가진 별의 활동으로 인한 충격으로 발생한다. 타란툴라 성운은 15만 9,800광년 떨어져 있으며, 우리 눈으로 볼 수 있는 3개의 은하 중 하나인 대마젤란은하(LMC)에 속해 있다. 이 성운은 우리 은하 주위에 있는 25개의 은하 중에서 가장 큰 별들이 포함되어 있으며, 약 2,400여 개의 매우 무거운 별이 성운 중심의 밝은 부분에 위치해 있다. 이 별들은 초신성에 의해 날아간 수백만 도의 가스로 인해 형성되었다.

| 왼쪽 |

타란툴라 성운의 R136

이 아름다운 타란툴라 성운의 모습은 허블 우주 망원경이 촬영하였다. 이 이미지에서 성단 R136(사진 중앙 왼쪽에 반짝이는 파란색으로 보인다.)의 고향인 타란툴라 성운의 중심부를 볼 수 있다. R136은 태양보다 수백 배나 무거운 거대한 젊은 별을 담고 있으며, R136의 별은 약 200만 년 전에 형성된 것으로 보인다. 또한 자외선 복사로 인해 성단 전체가 빛나고 있다. R136의 항성풍은 강력한 압력을 만들어 성운에 있는 가스를 뭉치게 하고, 이로 인해 새로운 별이 탄생한다. 이 합성 이미지는 1994년 1월부터 2000년 9월에 걸쳐 허블 우주 망원경에 탑재된 광시야각 행성 카메라 2로 촬영하였으며 다양한 색상의 필터를 사용하였다. 파란색은 R136에 있는 뜨거운 별이며, 초록색 지역은 R136 성단에서 에너지를 공급받은 가스를 의미한다. 분홍색 지역은 항성풍에 의해 밀려 나온 가스 구름이다. 적갈색 지역은 뜨거운 복사열에 직접 노출되지 않은 상대적으로 차가운 먼지구름을 의미한다.

| 오른쪽 |

타란툴라 성운의 늙은 별

대마젤란은하에 있는 거대한 타란툴라 성운은 수많은 가스 석호와 자외선 복사 그리고 폭발 활동이 풍부한, 우리 주변에서 가장 빛나는 별 생성 지역일 것이다. 이 성운은 가까이에 이웃하고 있는 소마젤란은하 때문에 매우 활동적일 것이라 추측된다. 이 합성 이미지는 자외선, 가시광선, 적색광으로 촬영하였고 성운 안에서 별이 탄생하는 지역 중 가장 밝은 부분의 모습을 담고 있다. R136이라고 하는 밝은 푸른빛의 성운이 사진 오른쪽에 보인다. 이 사진은 100광년에 해당하는 영역을 담고 있으며 200만 년에서 2,500만 년 정도의 나이를 가진 빠르고, 뜨거우며 에너지가 아주 높은 별들의 모습을 담고 있다. R136은 이보다 큰 성단인 NGC 2070의 밀집도가 높은 중심 부분에 해당한다. 이 별들은 자외선을 방출하며 이로 인해 새로운 별이 탄생하는 신비로운 느낌의 가스 기둥이 만들어진다. 이 허블 우주 망원경이 촬영한 이미지는 2009년 10월 20일에서 27일 사이에 기록한 것이다.

NGC 2070

타란툴라 성운에 있는 NGC 2070 성단은 가장 활발하게 새로운 별이 탄생하는 곳이며, 우리가 알고 있는 가장 무거운 별들의 고향이기도 하다. 2011년 10월에 허블 우주 망원경과 지상에 있는 유럽 남방 천문대가 수집한 데이터를 합쳐서 이 거대한 모자이크 사진을 제작하였다. 이미지상의 색상을 통해 뜨거운 가스가 여러 지역에 분포하고 있다는 것을 알 수 있다. 빨간색은 수소를, 파란색은 산소를 의미한다. 중앙 왼쪽에 있는 밝은 성단은 약 50만 개의 거대한 별로 이루어져 있으며 여기서 방출되는 항성풍과 자외선으로 인해 그 주변에 있는 아름다운 모습의 성운이 만들어졌다. NGC 2070은 성단을 구성하고 있는 각각의 별에 대한 물리적 특성을 파악할 수 있을 정도로 지구와 가까운 거리에 있다.

| 위 |

HODGE 301

2011년 10월에 허블 우주 망원경이 촬영한 이 이미지에는 HODGE 301 성단의 모습이 담겨 있다. 이 성단은 대마젤란은하 안에 있는 타란툴라 성운 내부에 있으며 17만 광년 떨어져 있다. 이 성단의 나이는 대략 2천만 년에서 2천 5백만 년으로 추정되며 이곳은 우주에서 가장 몸집이 큰 별인 적색 거성들이 밀집해 있다. HODGE 301에서도 새로운 별들이 탄생하고 있지만 초신성 폭발로 인해 발생한 두터운 가스로 인해 그 모습을 볼 수는 없다.

| 오른쪽 |

대마젤란은하

대마젤란은하의 놀라운 적외선 사진은 허셜 우주 관측소와 NASA의 스피처 우주 망원경이 2012년에 촬영하였다. 둥근 모양은 마치 불꽃 기둥이 폭발로 인해 회오리 치는 것처럼 보인다. 하지만 이것은 사실 수백 광년에 걸쳐 뻗어 있는 먼지구름이다. 중심과 그 왼쪽의 밝은 부분은 새 별이 형성되고 있는 곳을 의미한다. 은하에서 온도가 낮은 지역은 빨간색과 초록색으로(허셜이 촬영) 표현하였으며, 뜨거운 곳은 밝은 파란색(스피처가 촬영)으로 나타나 있다. 지구에서 약 163,000광년 떨어져 있는 대마젤란은하는 왜소 은하(수십억 개의 별로 구성된 작은 은하)이며, 우리 은하의 위성 은하이기도 하다.

소마젤란은하

소마젤란은하는 우리 은하 옆에 붙어 있는 왜소 은하이며 지구에서 21만 광년 떨어져 있다. 하지만 매우 밝기 때문에 적도 아래 지역에서는 쉽게 찾아볼 수 있다. 신대륙을 탐험하던 시절에는 선원들이 소마젤란은하를 길잡이로 활용하였다. 소마젤란은하에는 큰 은하를 형성하기 위한 필수 물질이 포함되어 있기 때문에 아마도 큰 은하의 한 조각일 것으로 추측된다. 일반적으로 은하는 우리에게서 멀리 떨어져 있기 때문에, 우리와 가까이 있는 소마젤란은하를 통해 커다란 은하는 물론 우주의 생성에 관한 정보를 관측할 특별한 기회를 가질 수 있다. 찬드라 X선 관측 위성 데이터는 우리 태양과 같이 질량이 낮은 별이 내뿜는 X선의 모습을 보여 준다. 2013년에 조합한 이 이미지는 우리 은하보다 금속과 먼지 그리고 가스의 양이 적은 별들로 구성된 지역을 보여 준다. 보라색은 찬드라가 촬영한 X선 영역이며 빨간색, 초록색, 파란색은 허블 우주 망원경이 촬영한 가시광선 영역이고, 스피처 우주 망원경이 촬영한 적외선 영역은 빨간색으로 표현하였다.

NGC 346

2005년에 허블 우주 망원경이 촬영한 이 이미지에는 소마젤란은하에 있는 성운인 NGC 346에 포함된 작은 별 무리의 모습이 담겨 있다. NGC 346에 있는 별에는 별의 진화 과정에서 생성되는 무거운 물질이 포함되어 있다. 이 이미지에는 약 7만 개의 별이 있으며 그중에서 2,500개는 어린 별이다. 여기서 가장 오래된 별의 나이는 우리 태양과 비슷한 50억 년이고 옹기종기 모여 있는 어린 별들의 나이는 500만 년이다. 어린 별들은 먼지와 가스로 이루어진 2개의 띠(남서쪽에서 북동쪽 그리고 북서쪽에서 남동쪽으로 푸른 성단을 가로지르고 있다.)를 따라 늘어서 있다.

초신성 잔해

허블 우주 망원경이 1995년 7월 4일과 2003년 10월 15일에서 16일에 걸쳐 촬영한 데이터를 조합한 이 이미지에는 소마젤란은하에 있는 초신성 폭발 이후 남은 잔해의 모습이 담겨 있다. 이 초신성 잔해는 E0102로 불리며, 사진의 오른쪽 위에 분홍색과 보라색으로 나타나고 별이 태어나고 있는 지역인 N76에서 50광년 떨어져 있다. 사진 중앙 아래에 있는 푸르스름한 E0102의 나이는 약 2,000년에 불과하다.

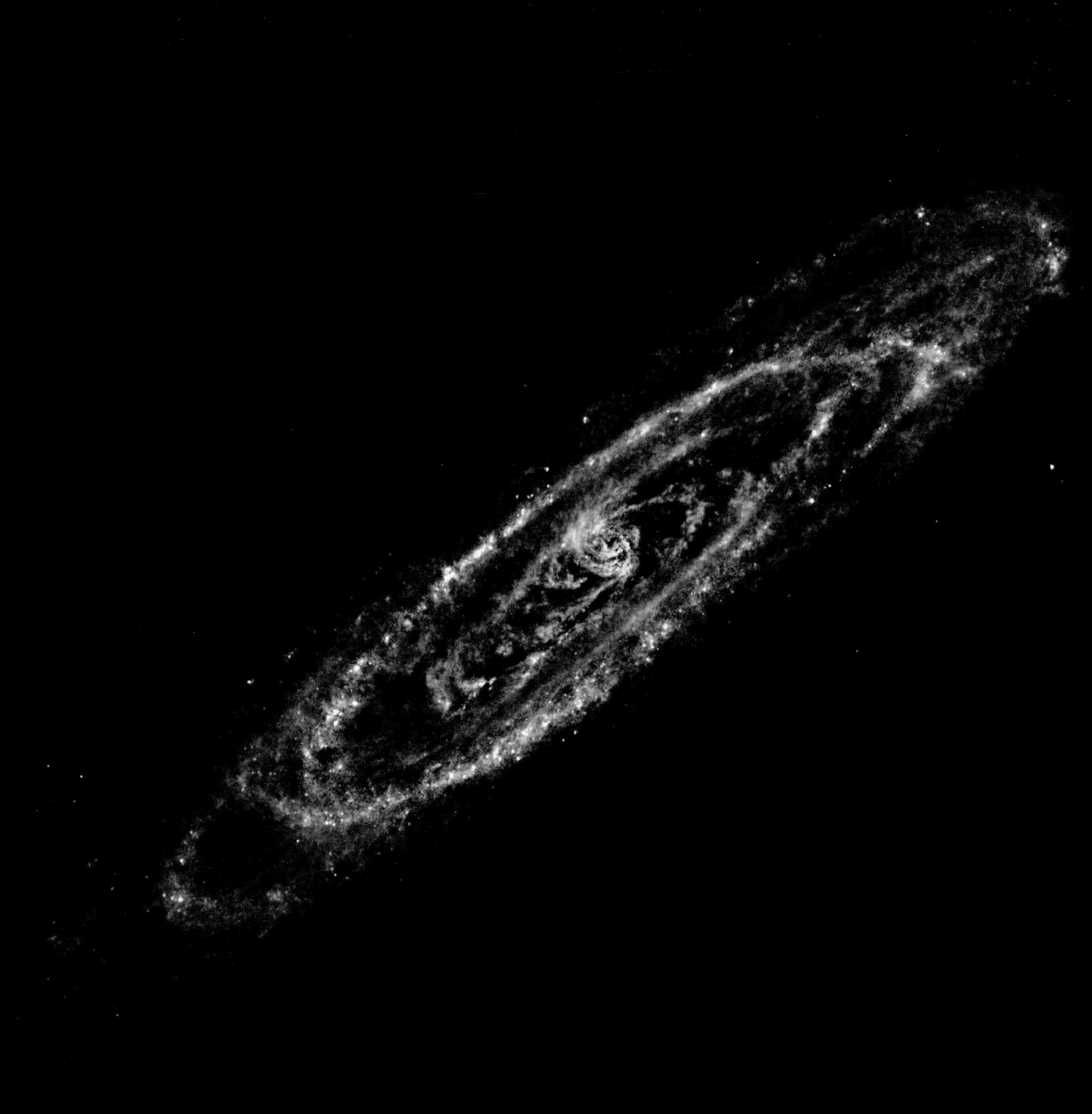

안드로메다 은하의 세부적인 모습

우리 은하의 자매 은하인 안드로메다 은하의 모습은 2013년 허셜 우주 관측소가 촬영한 것으로, 놀라운 디테일을 보여 준다. 253만 광년 떨어져 있는 안드로메다 은하는 우리가 육안으로 볼 수 있는 가장 멀리 있는 천체로, 공기가 깨끗하고 광해가 없는 곳에서 맨눈으로 볼 수 있다. 이 이미지에는 적외선으로 촬영한 차가운 먼지(절대 온도로 수십도 정도밖에 되지 않는 물질)의 모습이 노란색과 빨간색으로 나타나 있다. 어두운 파란색은 이보다 뜨거우며 별이 탄생하는 지역을 의미한다. 안드로메다 은하에는 대략 1조 개의 별이 있고 우리 은하에는 5억 개의 별이 있지만, 우리 은하가 훨씬 더 거대한 이유는 암흑 물질을 더 많이 가지고 있기 때문이다. 수백억 년이 지난 후, 우리 은하와 안드로메다 은하는 충돌하여 결국에는 하나의 거대한 은하로 합쳐질 것이다.

안드로메다 은하의 활발한 별들

NASA의 갤렉스 우주 망원경과 스피처 우주 망원경이 2006년에 촬영한 데이터를 합친 이 이미지는 안드로메다 은하에서 어떤 활동이 일어나고 있는지 잘 보여 준다. 은하의 나선팔에는 뜨겁고 차가운 별들이 함께 모여 있다. 뜨거운 지역에서는 별들의 활동이 부산하게 일어나고 있고, 뜨거운 별은 파란색, 늙은 별은 초록색 점으로 표현되어 있다. 한편, 은하 원반의 빨간색 영역은 보다 차가운 지역이며, 먼지가 둥글게 뭉쳐 새로운 별이 태어나고 있는 곳이다. 안드로메다 은하의 크기는 26만 광년이며 은하 전반에 걸쳐 여러 개의 블랙홀이 흩어져 있다. 은하의 중심에는 은하의 모양을 잡아 주는 역할을 하는 거대한 블랙홀이 있다.

안드로메다 은하와 위성 은하

WISE가 2010년에 촬영한 이 이미지는 하늘에서 5도에 걸친 영역 안에 들어 있는 안드로메다 은하의 모습을 보여 준다. 은하 안에 파란색 부분은 성숙한 별을 의미하며 노란색과 빨간색은 거대한 새로운 별에 의해 가열된 먼지다. 이 이미지에서 2개의 위성 은하를 볼 수 있다. 안드로메다 은하 중심부에서 왼쪽 위에 나선팔에 거의 닿아 있는 파란색 점이 M32(메시에 32)이며, 안드로메다 은하 아래쪽에 파란색의 흐릿한 빛 덩어리가 M110(메시에 110)이다. 이 두 은하는 안드로메다 은하와 중력으로 얽혀 있는 수많은 은하의 일부다. 안드로메다 은하와 우리 은하는 국부 은하군에 속하며 여기에 속한 50개 이상의 은하는 WISE가 모두 촬영할 예정이다.

세페이드 변광성

광대하며 엄청난 수의 별이 흩어져 있는 지역을 담은 이 이미지의 왼쪽 아래에는 V1(Hubble Variable Number One, 허블 변광성 1번)이라는 별이 있다. 이 별은 안드로메다 은하에 속해 있으며 1923년 에드윈 허블이 발견하였다. V1은 별의 크기가 반복적으로 커졌다 작아지며 이에 따라 밝기가 변하는 거대한 세페이드 변광성으로 유명하다. 허블이 이 별을 발견함에 따라 세페이드 변광성을 이용하여 지구와의 거리를 측정하는 것이 가능해졌다. 허블은 V1을 이용하여 안드로메다 은하와 같은 은하들이 우리 은하와는 별개의 천체라는 것을 밝혀냈으며, 이 기념비적인 발견을 통해 우리 은하 너머에 있는 천체에 대한 탐색의 범위가 넓어지게 되었다. 이 이미지는 허블 우주 망원경이 2010년 12월과 2011년 1월 사이에 촬영하였다.

M33 은하

NASA의 갤렉스 우주 망원경은 은하수 너머에 있는 은하를 원자외선으로 관찰하는 임무를 지니고 있다. 100억 년의 역사를 지닌, 먼 은하의 밝기와 크기, 거리를 측정하여 우리가 속해 있는 우주에 관한 수많은 정보를 알 수 있다. 이 사진에는 갤렉스 우주 망원경과 스피처 우주 망원경이 2009년에 촬영한 삼각형자리 은하 M33의 모습이 담겨 있다. M33은 안드로메다 은하 다음으로 우리와 가까운 나선 은하로, 지구에서 약 290만 광년 떨어져 있다. 스피처는 어린 별에서 나오는 자외선을 받아 빛나는 먼지에서 나오는 빛의 중적외선 영역을 촬영하였다. 이 이미지에서 어린 별로부터 나오는 원자외선은 파란색으로 빛나고 있으며, 중년의 별에서 나오는 근자외선은 초록색, 늙은 별에서 나오는 근적외선은 노란색, 먼지에서 나오는 빛은 빨간색으로 나타난다. 사진 배경에 있는 여러 파란색의 얼룩은 아주 멀리 있는 은하를 의미한다.

사수자리 왜소 불규칙 은하

2003년에 허블 우주 망원경이 촬영한 사수자리 왜소 불규칙 은하(SagDIG)의 이미지는 수천 개의 별로 구성된 이 은하의 모습을 자세히 보여 준다. 사진의 가장자리를 따라 위치하고 있는 밝은 별들은 지구에서 수천 광년 떨어져 있으며 우리 은하에 속해 있는 별이다. 그러나 중앙에 작은 파란색 별로 구성된 SagDIG는 지구에서 350만 광년 떨어진 곳에 있다. 이미지의 중심부에 퍼져 있는 빨간색 점들은 배경에 있는 은하로, SagDIG에서 수백만 광년 더 멀리 있다. SagDIG는 특정한 구조를 가지지 않으며 크기가 아주 작다. 또한 헬륨보다 무거운 원소는 거의 존재하지 않는다. 무거운 원소가 없다는 것은 이 은하에 있는 별들이 무거운 원소를 만들어 낼 수 있을 만큼 성숙하지 못했기 때문에 은하의 나이가 젊다고 판단할 수도 있다. 하지만, 허블 우주 망원경이 제공한 이 은하의 화학적 조성과 나이에 관한 자세한 정보에 따르면 SagDIG의 나이는 상당하며 몇몇 물질이 만들어지는 과정이 진행되고 있다는 것을 알게 되었다. 아마도 이 은하는 우리 우주 역사의 초기에 생성되었을 것이며, SagDIG의 작은 크기는 이 은하가 어떤 커다란 은하가 생성된 후 남은 잔존물이라는 것을 의미할 수 있다.

은하의 춤: M81과 M82

WISE가 2011년 촬영한 M81(메시에 81)과 M82(메시에 82)의 모습은 마치 두 은하가 우아한 춤을 추는 것과 같은 느낌을 준다. 지구에서 1,200만 광년 떨어져 있는 두 은하는 서로 합쳐 하나의 은하가 될 때까지 수백만 년 동안 서로의 주위를 돌면서 춤을 출 것이다. 이 춤의 결과로 두 은하 간의 상호작용에 의해 새로운 별이 탄생한다. 특이하게도 별이 높은 속도로 새로 탄생하기 때문에 이 두 은하를 폭발적 항성 생성 은하라고 한다. 이 이미지의 왼쪽에 있는 M81은 장대한 나선 은하이며 나선팔을 쉽게 구분할 수 있다. 이 나선팔에 있는 고농도의 가스와 먼지가 뭉쳐 새로운 별이 탄생하며 M82의 중력이 주는 충격에 의해 가스와 먼지의 농도는 더욱 상승하게 되어 나선팔이 보다 더 분명해진다. M82도 나선 은하로 간주되지만 2005년에 적외선 관측을 통해 나선 구조를 판독하기 이전에는 어떤 형태의 은하인지 분류할 수 없었다. M82는 우리가 가시광선으로 보았을 때 나타나는 형태 때문에 시가 은하라는 별칭으로 부르기도 한다. M82에 있는 새 별이 내뿜는 강력한 폭풍으로 인해 M82에서 시가의 연기가 빛나고 있는 것처럼 보인다.

나선 은하 M83

이 이미지는 별이 생성되는 모습을 가장 자세하게 기록한 이미지 중 하나이며, 여기에는 별과 먼지가 빛나고 있는 남쪽 바람개비 은하인 M83(메시에 83)의 모습이 담겨 있다. 지구에서 1,500만 광년 떨어져 있는 M83에서 별이 생기는 것은 매우 일상적인 일이다. 허블 우주 망원경이 2009년에 촬영한 이 이미지에는 주로 100만 년에서 1,000만 년 정도된 새로운 청색 거성과 적색 거성으로 구성된 성단의 모습을 클로즈업한 모습이 담겨 있다. 허블에 장착된 광시야각 카메라 3은 자외선에서부터 근적외선까지 넓은 파장대의 빛을 감지할 수 있으며, 이를 통해 항성 진화의 다양한 과정을 볼 수 있다. 새로 태어난 별은 은하의 나선팔에 있는 암흑 지대에 있으며, 빨간색으로 표현된 수소를 방출한다. 나선팔의 잘라낸 듯한 영역은 가스를 밀어내는 강력한 항성풍에 의해 만들어졌다. 만약 그렇지 않았다면 가려져 있는 성단의 모습을 볼 수 없었을 것이다. 밀려난 가스는 밝은 별들이 탄생하는 과정이 진행되고 있는 은하의 중심으로 빨려 들어간다.

| 왼쪽 |

검은 눈 은하

2001년 4월과 7월에 허블 우주 망원경에 탑재된 광시야각 행성 카메라 2가 촬영한 이 컬러 이미지에는 M64(메시에 64)의 모습이 담겨 있다. M64는 어두운 암흑대가 그 중심에 있는 밝은 핵을 가리고 있어서 잠자는 숲 속의 미녀 은하 혹은 검은 눈 은하라는 별칭을 가지고 있다. 지구에서 약 1,700만 광년 떨어져 있는 M64는 2개의 은하가 충돌한 결과이다. M64는 바람개비 모양의 나선 은하와 닮았지만 일반적인 나선 은하와는 큰 차이점이 있다. 나선 은하에 있는 별들은 같은 방향으로 회전하지만, M64의 경우 안쪽과 바깥쪽에 있는 별이 서로 반대 방향으로 회전한다. 이는 약 10억 년 전에 일어난 은하의 충돌에 의해 생긴 독특한 특징이다.

| 오른쪽 |

오래된 초신성

불꽃 은하로도 알려진 나선 은하 NGC 6946은 지구에서 2,200만 광년 떨어져 있다. 찬드라 X선 관측 위성은 2001년에서 2004년 사이에 이 은하에 관한 정보를 수집하였고 여기에서 오래된 초신성 3개를 찾았다. 그리고 20세기에는 이 은하에서 8개의 초신성이 관측되었다. 우리 은하에서는 약 50년마다 한 번씩 초신성 폭발이 일어나지만 우리 은하에 있는 먼지가 폭발을 차단하기 때문에 대부분 감지하기 어렵다. 찬드라 X선 관측 위성은 우주 왕복선 컬럼비아호에 의해 1999년에 발사되었으며 매끄럽고 이상적인 형태의 거울을 가지고 있는 가장 정교한 우주 관측소라 할 수 있다. 찬드라 X선 관측 위성은 우리가 우주에서 보다 더 혼돈스럽고 높은 에너지를 가진 영역을 이해하는 데 도움을 주었으며, 별과 은하가 형성되는 본질을 엿볼 수 있게 해주었다.

| 오른쪽 |

M101

지구에서 2,200만 광년 떨어진 바람개비 모양이 뚜렷한 머나먼 은하 M101(메시에 101)의 모습을 볼 수 있다. 이 나선 은하의 지름은 11만 4천 광년으로 우리 은하의 약 2배에 해당한다. 2004년에 촬영한 이 사진은 22,500광년에 이르는 영역을 담고 있으며 이 은하에 있는 약 3,000여 개의 별이 탄생하는 지역 중 자외선 활동이 활발한 한 지점의 특징을 보여 주고 있다. 별이 생성되는 지역은 주로 그리 오래되지 않은 과거에 작은 은하를 집어삼킨, 은하의 밝은 나선팔에 있다. 이 이미지에서 보이는 어두운 부분은 차갑고 밀도가 높으며 오래된 별들이 모여 있는 곳이다. 오랜 시간이 지난 후에 이 늙은 별들은 죽어서 새로운 별을 탄생시킨다. 은하 가운데에 있는 은하 팽대부(Bulge)는 자외선 파장의 끝부분에서는 거의 보이지 않으며, 이곳에서는 별이 거의 새로 생성되지 않는다. 허블 우주 망원경에 탑재된 카메라는 이 이미지와 같이 흑백의 우주 사진을 촬영하며 컬러 이미지는 화학적 조성이나 밝기와 같은 특정한 세부 정보를 강화하고 특정 천체나 현상의 모습을 보다 잘 볼 수 있도록 이미지 처리 과정을 거쳐 완성하게 된다.

| 다음 페이지 |

솜브레로 은하

밝은 핵을 가졌으며 두꺼운 먼지띠로 둘러싸인 은하 M104(메시에 104)는 솜보레로 은하라는 이름으로 유명하다. 솜보레로는 챙이 넓은 멕시코 전통 모자를 의미한다. 이 사진은 2003년에 허블 우주 망원경이 촬영하였다. 이 은하는 질량이 태양의 약 8,000억 배 정도로 무거우며, 처녀자리 은하단의 남쪽에 있다. 지구에서 2,800만 광년 떨어져 있는 이 은하는 과다할 정도로 많은 구상 성단을 가지고 있다. M104는 상당한 X선을 방출하고 있는데 이는 우리 태양보다 10억 배나 커다란 블랙홀에서 나오는 것이다. 1912년, 천문학자 베스토 슬라이퍼는 솜브레로 은하가 초당 1,126km의 속도로 우리에게서 멀어지고 있다는 것을 발견하였으며, 이는 우주가 팽창하고 있다는 것을 알려 주는 첫 번째 증거 중의 하나이다. 스피처 우주 망원경을 통한 최근의 연구에 의하면 M104는 원반형 은하와 커다란 타원 은하가 합쳐진 것이라고 한다.

은하의 충돌

2013년 찬드라 X선 관측 위성이 왜소 은하(이 이미지에서는 잘 보이지 않음)가 거대한 나선 은하인 NGC 1232에 충돌하는 극적인 모습을 촬영하였다. 이 두 은하는 지구에서 6천만 광년 떨어져 있으며, 이 충돌로 인해 거대한 가스 구름의 온도가 수백만 도 상승하였다. 또한, 이 충돌로 생긴 충격으로 인해 소닉붐(비행기가 음속을 돌파할 때 발생하는 폭음, 역자주)과 유사한 충격파가 발생하였다. 이 충격파로 인해 가스는 혜성과 같은 구체의 형태로 나타나게 되며, 이는 사진의 왼쪽 위에서 시작되어 은하 오른쪽에 있는 혜성의 머리에 해당하는 밝은 분홍색 부분에서 끝난다. 이 부분에 있는 별들은 충격파로 형성된 것으로, 수억 년간 지속될 X선을 방출하고 있다. 이 2차원적인 이미지에서는 가스 구름의 질량을 알아낼 수 없지만, 가스의 형태가 타원이라면 그 질량은 우리 태양의 300만 배 정도가 될 것이고 얇고 평평한 형태라면 태양의 4만 배가 될 것이다. 이 충돌은 여전히 진행 중이며 앞으로 약 4천만 년 동안 지속될 것이다. 놀랍게도 이런 형태의 합병을 통해 만들어진 은하는 각각의 별 시스템의 많은 부분을 종종 그대로 남겨 둔다.

안테나 은하

안테나 은하의 놀라운 컬러 이미지는 찬드라 X선 관측 위성, 허블 우주 망원경, 스피처 우주 망원경이 각각 1999년 12월, 2004년 7월과 2005년 2월, 2003년 12월에 촬영한 이미지를 합친 것이다. 지구에서 6,200만 광년 떨어진 이 두 은하의 안테나 모양의 팔(이 이미지에서는 잘 보이지 않음)은 충돌하는 동안 방출된 에너지로부터 등장하였으며, 이 충돌은 1억 년 전에 시작되어 오늘날에도 계속되고 있다. 안테나 은하에 있는 많은 별은 초신성이 되기까지 상대적으로 짧은 생을 살며 산소, 철, 마그네슘, 규소가 포함된 가스 폐기물을 방출해 새 별이 형성되도록 한다. 이 이미지에서 볼 수 있는 밝은 점들은 이 가스가 블랙홀이나 중성자별과 접촉하여 발생한 것이다. 이 가스는 압축되어 그 압력으로 인해 수십억 개의 별이 새로 태어나며 그중 대부분은 한 덩어리로 모여 수만 개의 조밀한 천체를 형성하게 된다. 이 성단을 연구한 결과, 과학자들은 별들의 10%만이 향후 천만 년 이상을 살아가게 되며, 그 시점에 별들은 결국 흩어지게 된다는 것을 발견하였다. 안테나 은하의 충돌은 우리 은하와 안드로메다 은하가 충돌할 때 어떤 일이 발생할 것인지를 명백하게 보여 준다.

정면 나선 은하

지구에서 6,800만 광년 떨어져 있고 큰곰자리에 위치한 나선 은하 NGC 3982는 그 크기가 우리 은하의 1/3 정도인 약 3만 광년이다. 우리 은하와 같이, NGC 3982는 가스와 먼지, 별들로 이루어진 원반과 중앙의 팽대부, 그리고 나선팔로 구성되어 있다. 바람개비에서 솜브레로에 이르는 다양한 은하의 모습은 나선팔이 회전하는 속도에 의해 결정된다. 나선 은하의 중심부에는 늙은 별들이 모여 있으며, 나선팔은 수소에 의해 빛나고 별이 태어난다. 각 은하의 중심에는 거대한 블랙홀이 있다고 생각되지만 그 주변을 둘러싸고 있는 별에 의해 확인하기가 쉽지 않다. 이 이미지는 2000년과 2009년 사이에 수집한 데이터를 합친 것이다.

NGC 1316: 먼지투성이 은하

먼지는 NGC 1316의 별 부스러기 중 대부분을 차지하고 있다. 이 은하는 화학로 자리 은하단에 있으며 지구에서 7,500만 광년 떨어져 있다. 과학자들은 이 타원 은하가 여러 은하와 충돌하는 과정을 거치며 형성되었다고 믿고 있다. NGC 1316은 하늘에서 가장 커다란 전파원 중 하나이며, 은하의 중심에서 물질이 블랙홀로 빨려 들어가면서 전파가 발생한다. NGC 1316에는 전쟁의 상처가 눈에 띈다. 이 은하에 있는 중력에 의한 꼬리는 주변에 있는 다른 은하의 중력에 의해 별을 둘러싸고 있는 껍질이 우주로 튕겨 나가면서 생긴 결과이다. 이 이미지는 2003년 3월, 허블 우주 망원경에 탑재된 ACS로 촬영한 것이다.

NGC 922

나선 은하 NGC 922는 7만5천 광년에 걸쳐 있으며 지구에서 1억5천만 광년 떨어져 있다. 약 3억 3천만 년 전, 나선 은하 NGC 922는 이보다 작은 은하와 충돌하여 그 형태가 뒤틀렸다. 작은 은하가 NGC 922의 중심을 관통하면서 가스 구름을 남겼고 이로 인해 새로운 별들이 탄생하게 되었다. 2012년에 허블 우주 망원경이 촬영한 이 이미지의 분홍색 부분은 은하를 둘러싸고 있는 성운을 의미하며, 이는 새로 탄생한 별의 영향을 받아 활성화된 수소가 있다는 증거이다. 찬드라 X선 관측 위성의 관측 결과에 의하면 NGC 922에서 발생하는 X선은 거대한 블랙홀에서 발생하는 것으로 과학자들은 생각하고 있다. 이는 놀라운 발견이다. 왜냐하면 NGC 922의 기체는 블랙홀의 생성을 방해하는 무거운 물질로 구성되어 있기 때문이다.

ARP 273 은하 듀오

지구에서 3억 광년 떨어진 곳에 있는 ARP 273은 마치 우주의 장미꽃과 같은 2개의 은하로 구성되어 있다. 오른쪽에 있는 UGC 1810은 그 왼쪽에 있는 거대한 파트너 UGC 1813의 중력에 의해 뒤틀린 원반의 형태를 하고 있다. 은하 사이에 있는 가스는 두 은하를 수만 광년의 거리로 갈라놓고 있다. UGC 1813에서는 더 큰 은하와의 충돌로 인해 은하의 중심에서 별이 급속하게 생성되고 있다. UGC 1810에 작은 은하가 통과하는 과정을 통해 UGC 1810의 나선팔이 뒤틀렸으며, 이로 인해 특이한 형태가 되었다. 작은 은하가 큰 은하를 통과할 때 일반적으로 비대칭의 패턴을 만들게 되고, 가스가 은하핵으로 빨려 들어가면서 작은 은하는 별을 보다 빨리 생성하게 된다. 이 이미지는 2010년 12월에 허블 우주 망원경이 촬영한 것을 조합한 것이다.

스테판의 오중주

스테판의 오중주는 5개의 은하로 구성된 아름다운 은하의 모임으로 지구에서 3억 광년 떨어진 곳에 있다. 이 중에서 4개의 은하는 우리가 볼 수 있을 정도로 서로 연결되어 영향을 주고 있다. NGC 7319(왼쪽 위), NGC 7318A와 7318B(중앙), 그리고 NGC 7317(오른쪽 아래)은 모두 누르스름한 색을 띠고 있으며, 서로를 당기고 있는 중력에 의해 특이한 형태의 고리와 나선팔의 형태를 지니고 있다. 이 4개의 은하는 같은 속도로 우리에게서 멀어지고 있다. 푸르스름한 은하 NGC 7320(왼쪽 아래)은 다른 은하들보다 4천만 광년 더 먼 곳에 있다. 허블 우주 망원경이 광시야각 카메라 3으로 2009년 촬영한 이 이미지의 화각은 50만 광년에 해당한다.

암흑 물질 지도

2002년, 허블 우주 망원경은 지구에서 22억 광년 떨어져 있는 은하단인 아벨 1689(Abell 1689)의 신비로운 모습을 포착했다. 이 사진에서 흐릿한 푸른빛의 중앙부는 암흑 물질의 분포를 보여 준다. 암흑 물질은 실제로 촬영할 수 없지만 색상을 겹쳐 보이게 하여 표현하였다. 이 "암흑 물질 지도"는 암흑 물질의 중력장으로 인해 배경에 있는 은하가 원호나 고리 모양으로 왜곡되어 보이는 것을 좌표로 그려 만든 것이다. 이러한 현상을 중력 렌즈 효과라고 한다. 중력 렌즈 효과는 멀리 있는 천체에서 오는 빛이 중력장에 의해 휘어지는 것을 의미하며 이로 인해 천체가 왜곡되거나 여러 개로 보이게 된다. 또한 이로 인해 암흑 물질의 존재 여부를 감지할 수 있다. 우주는 5%의 중입자 물질(우리가 볼 수 있는 물질)과 25%의 암흑 물질(우리가 전혀 볼 수 없고 중입자 물질과 반응하지도 않지만 은하단에 중력과 관련된 영향을 주는 신비의 물질) 그리고 70%의 암흑 에너지(우주의 팽창에 영향을 주는 것으로 생각되는 중력보다 강한 힘)로 구성되어 있다.

극초신성

이 이미지는 스피처 우주 망원경의 관측 결과를 기반으로 만든 것으로, 지구에서 30억 광년 떨어져 있으며 별이 가지고 있던 거의 모든 것을 쏟아낸 극초신성(초신성보다 강력한 별의 폭발 현상)의 모습을 표현한 것이다. 과학자들은 원래의 별의 질량이 태양의 50배 이상일 것으로 생각한다. 이 별이 죽으면서 뿜어낸 엄청난 양의 가스와 먼지구름은 적외선을 방출하며 폭발 시 발생한 밝은 빛을 차단하였다. 이 극초신성의 껍질은 2007년 8월에 처음 나타났으며 점점 어두워져 2008년에는 사라졌다. 하지만 이 현상을 연구한 팀에 의하면 향후 10년 뒤, 이 극초신성의 충격파가 먼지구름으로 이루어진 껍질을 관통하면 그 빛을 다시 볼 수 있을 것이라고 한다.

암흑 물질의 고리

Cl 0024 + 17 은하단은 지구에서 40억 광년 떨어져 있으며, 이 은하단의 중력은 이보다 더 먼 곳에 있는 은하로부터 나오는 빛을 굴절시킨다. 2004년, 허블 우주 망원경에 탑재된 ACS로 촬영한 이 이미지에서 옅은 푸른빛의 고리는 암흑 물질을 의미하며(중력 렌즈의 효과로만 확인할 수 있다: 160페이지 참조) 이 암흑 물질은 2개의 거대한 은하단으로 이루어져 있다. 암흑 물질을 연구함으로써 우리는 암흑 에너지에 대해 더 잘 이해할 수 있게 된다. 우리는 암흑 물질이 정확히 무엇으로 구성되어 있는지 모른다. 일부 과학자들은 이 특이한 입자의 성질을 설명하기 위해서는 현재 우리가 알고 있는 물리학의 범위가 극적으로 넓어져야 한다고 믿고 있다.

판도라 은하단

판도라 은하단이라는 한 무리 은하의 모습을 담고 있는 이 이미지는 허블 우주 망원경, 유럽 남방 천문대의 VLT(Very Large Telescope, 초거대 망원경), 일본 스바루 망원경, 찬드라 X선 관측 위성이 2009년에 촬영한 데이터를 조합한 것이다. 이 이미지는 컬러 처리된 거대한 은하단의 전체적인 모습을 보여 주며, 판도라 은하단의 기원에 대한 상세한 통찰력을 제공한다. 40억 광년 떨어져 있는 이 거대한 은하단은 4개의 작은 은하단이 충돌하여 만들어졌으며, 3억 5천만 년에 걸쳐 생성되었다. 판도라 은하단의 전체 질량에서 은하가 차지하는 비중은 5%도 되지 않으며 질량 대부분은 암흑 물질(파란색)과 은하단이 충돌하면서 생긴 뜨거운 가스(빨간색)가 차지하고 있다. 암흑 물질은 충돌의 영향을 받지는 않았지만, 일부 지역에서는 충돌로 인해 뜨거운 가스 구름이 완전히 사라졌다.

4개의 은하단

허블 우주 망원경과 찬드라 X선 관측 위성이 2005년에 촬영한 데이터를 합친 이 이미지는 거대한 MACS J0717 은하단의 모습을 담고 있다. 지구에서 대략 54억 광년 떨어져 있는 4개의 은하단이 막 충돌하기 시작하는 모습을 보여 주는 이 사진은 우리가 알고 있는 은하단의 충돌 중에서 기하학적으로 가장 복잡한 것 중의 하나이다. 1개의 은하단은 보통 50개에서 1,000개의 은하로 구성되어 있으며 일반적으로 은하와 가스, 암흑 물질의 흐름으로 이루어진 기다란 필라멘트 구조로 되어 있다. 그중 일부는 이미 암흑 물질이 모여 있는 지역으로 흘러 들어간다. 강력한 중력을 가진 암흑 물질은 무리 지어 빠르게 움직이는 은하가 마치 고속도로와 같은 통로가 되는 기다란 필라멘트 안에 있도록 한다. 은하단의 모습은 허블이 촬영하였고, 찬드라 X선 관측 위성은 뜨거운 가스를 촬영하였다. 이미지는 온도에 따라 다른 색상으로 표현하였는데, 적보라색 부분의 온도가 가장 낮고, 파란색 부분이 가장 뜨거우며, 보라색은 중간 정도의 온도를 지닌 것을 의미한다.

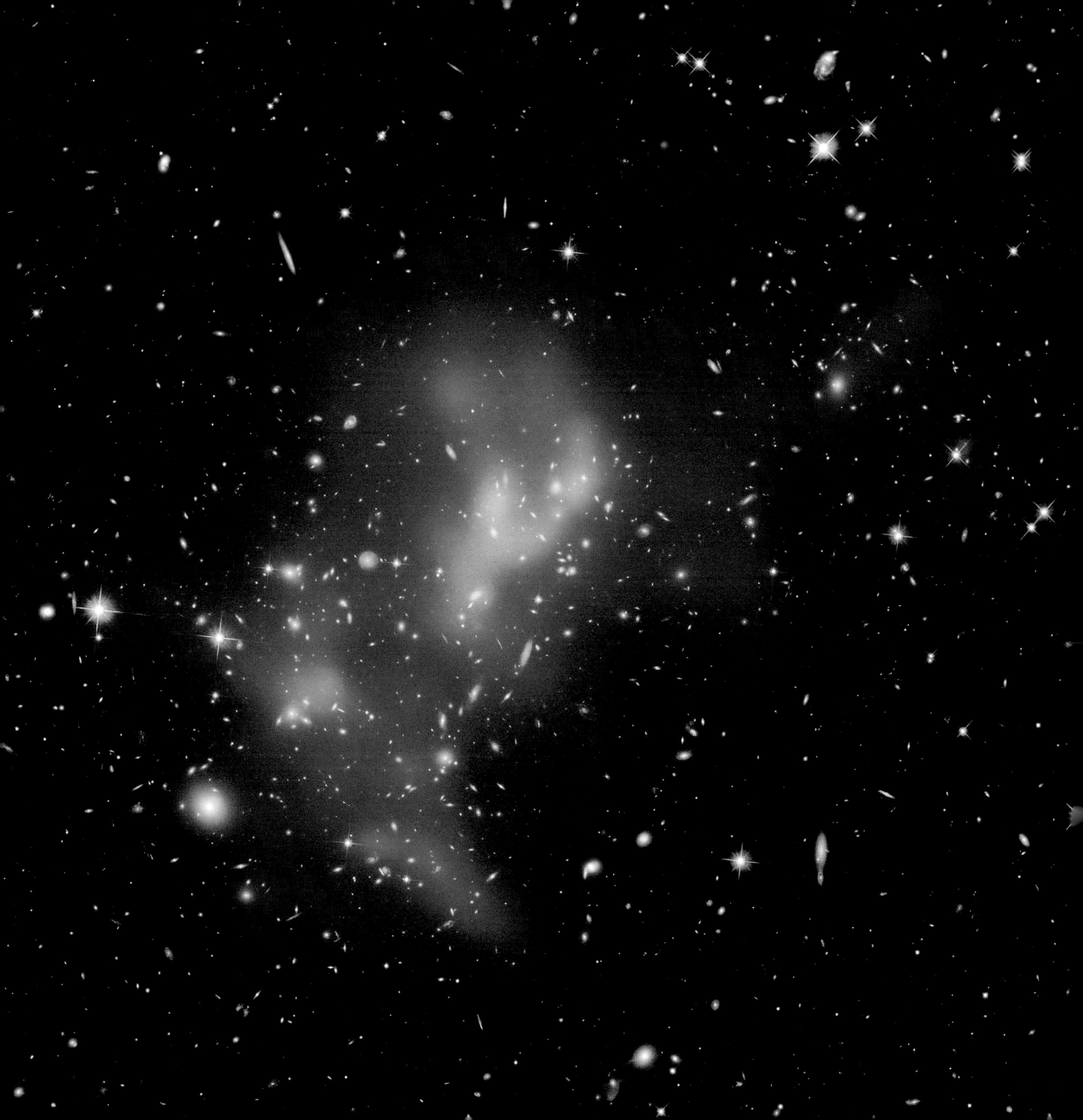

용 어 설 명

KEY FOR AGENCY ACRONYMS

ACS = Advanced Camera for Surveys,
첨단 관측 카메라

ASTER = Advanced Spaceborne Thermal Emission and Reflection Radiometer,
향상된 우주 열복사와 반사 복사계

AURA = Association of Universities for Research in Astronomy,
대학 천문학 연구 협회

CfA = Harvard-Smithsonian Center for Astrophysics, 하버드-스미스 소니언 천체 물리학 연구소

CNRS / INSU = French National Centre for Scientific Research / Institute for Earth Sciences and Astronomy, 프랑스 국립 과학 연구소 / 지구 과학 및 천문학 연구소

CXC = Chandra X-ray Center,
찬드라 X선 센터

DOD = Department of Defense, 미국 국방부

ERSDAC = Earth Remote Sensing Data Analysis Center, 지구 원격 측정 데이터 분석 센터

ESA = European Space Agency, 유럽 우주국

ESO = European Southern Observatory,
유럽 남방 천문대

GRC = Glenn Research Center, 글렌 연구 센터

GSFC = Goddard Space Flight Center,
고더드 우주 비행 센터

HEIC = Hubble European Space Agency Information Centre, 허블 유럽, 우주국 정보 센터

INAF = National Institute for Astrophysics, Italy, 이탈리아 국립 천체 물리학 연구소

IPHAS = INT Photometric H-Alpha Survey,
아이작 뉴턴 망원경을 통한 H-α 사진 조사 연구

JAROS = Japanese Resource Observation System Organization, 일본 자원 관측 시스템 기구

JPL-CALTECH = Jet Propulsion Laboratory / California Institute of Technology, 제트 추진 연구소 / 캘리포니아 공과대학

JSC = Johnson Space Center, 존슨 우주 센터

METI = Ministry of Economy, Trade, and Industry, Japan, 일본 경제산업성

MSSL = Mullard Space Science Laboratory, UK, 영국 뮬라드 우주 과학 실험실

NASA = National Aeronautics and Space Administration, 미국 항공 우주국

NOAA = National Oceanic and Atmospheric Administration,
국립 해양 대기청

SDO = Solar Dynamics Observatory,
태양 활동 관측 위성

STScI = Space Telescope Science Institute,
우주 망원경 과학 연구소

UKATC / STFC = United Kingdom Astronomy Technology Centre / Science and Technology Facilities Council,
영국 천문학 기술 센터 / 과학 기술 위원회

USGS = U.S. Geologial Survey,
미국 지질 조사국

VLT = Very Large Telescope(European Southern Observatory), 거대 망원경 (유럽 남방 천문대)

참고문헌

BIBLIOGRAPHY

Burrows, William E. *The Infinite Journey: Eyewitness Accounts of NASA and the Age of Space*. New York: Discovery Books, 2000.

Gribbin, John, and Mary Gribbin. *Stardust: Supernovae and Life–The Cosmic Connection*. New Haven: Yale University Press, 2000.

Hubble Space Telescope. "About Hubble." http://www.spacetelescope.org/about.

Jet Propulsion Laboratory, California Institute of Technology. "Basics of Space Flight." http://www2.jpl.nasa.gov/basics/index.php.

Kaku, Michio, and Jennifer Trainer Thompson. *Beyond Einstein: The Cosmic Quest for the Theory of the Universe*. New York: Anchor Books, 1995.

MYStIX: Massive Young-Star Forming Complex Study in Infrared and X-ray NASA History Office. http://history.nasa.gov.

National Air and Space Museum. Space History Division. "Top NASA Photos of All Time." Air & Space Magazine, November 2008. http://www.airspacemag.com/photos/top-nasa-photos-of-all-time-9777715/?no-ist

Sagan, Carl. *Cosmos*. New York: Ballantine Books, 2013.

웹자료

WEB RESOURCES

Chandra X-Ray Observatory, http://www.chandra.harvard.edu.

European Space Agency, http://www.esa.int.

Herschel Space Observatory, http://www.herschel.caltech.edu.

Hubble Space Telescope, http://www.hubblesite.org.

Jet Propulsion Laboratory, http://www.jpl.nasa.gov.

Milky Way Project, http://www.milkywayproject.org.

Spitzer Space Telescope, http://www.spitzer.caltech.edu.

Zooniverse, http://www.zooniverse.org.

사 진 출 처

IMAGE CREDITS

Front jacket: NASA, Universities Space Research Association, Lunar and Planetary Institute

Back jacket: International Space Station Program, JSC Earth Science & Remote Sensing Unit, Astromaterials Research and Exploration Integration Science Directorate

Case: ESA / NASA -SOHO / LASCO

Frontispiece: NASA, jpl-Caltech, ssi

Title page: NASA's Earth Observatory, Jesse Allen and Norman Kuring

Page 9: NASA, ESA

Page 11: NASA, JPL-Caltech

Page 17: NASA, JSC

Page 18: NASA, JSC

Page 19: NASA, JSC

Page 20: NASA, JPL-Caltech

Page 21: NASA, GRC

Page 23: NASA, JSC

Page 24: NASA, GSFC, METI, ERSDAC, JAROS, US/Japan ASTER Science Team

Page 25: NASA's Earth Observatory, NOAA, DOD

Pages 26–27: NASA

Page 28: NASA, JSC

Page 29: NASA, JSC

Pages 30–31: NASA, JSC

Page 32: NASA

Page 33: NASA

Page 34: NASA, JPL-Caltech, USGS

Page 35: NASA, Johns Hopkins University Applied Physics Laboratory, Carnegie Institution of Washington

Page 36: NASA, JPL-Caltech, SETI Institute

Page 37: NASA, Johns Hopkins University Applied Physics Laboratory, Southwest Research Institute, gsfc

Page 39: NASA, JPL-Caltech, SSI

Page 40: JPL-Caltech

Page 41: NASA

Page 42: NASA, SDO

Page 43: NASA, SDO

Page 45: NASA, SDO

Page 46: NASA, JSC

Page 47: NASA, SDO

Pages 48–49: NASA, JPL-Caltech, ucla

Page 50: NASA, JPL-Caltech

Page 51: NASA, JPL-Caltech, Harvard-Smithsonian CfA

Page 52: NASA, CXC, jpl-Caltech, CfA

Page 53: NASA, JPL-Caltech

Page 54: NASA, JPL-Caltech, ucla

Page 55: NASA, JPL-Caltech, University of Arizona

Page 56: NASA, JPL-Caltech

Page 57: NASA, JPL-Caltech

Page 58: NASA, JPL-Caltech

Page 59: NASA, JPL-Caltech, STScI

Page 60: NASA, ESA, M. Robberto (STScI/ESA), the Hubble Space Telescope Orion Treasury Project Team

Page 61: NASA, ESA, M. Robberto (STScI/ESA), the Hubble Space Telescope Orion Treasury Project Team

Page 62: X-ray: NASA, Chandra X-ray Observatory, Pennsylvania State University, K. Getman, E. Feigelson, M. Kuhn, and the MYStIX team; Infrared: nasa, jpl-Caltech

Page 63: NASA, esa, the Hubble Herritage Team (STScI/AURA)

Page 64: NASA, JPL-Caltech

Page 65: NASA, JPL-Caltech

Page 66: NASA, H. Ford (jhu), G. Illingworth (ucsc/lo), M. Clampin (STScI), G. Hartig (STScI), the acs Science Team, esa

Page 67: NASA, JPL-Caltech, CfA

Page 68: NASA, ESA, HEIC, and the Hubble Heritage Team (STScI/AURA)

Page 69: NASA, JPL-Caltech/UCLA

Page 70: NASA, JPL-Caltech, UCLA

Page 71: NASA, JPL-Caltech

Page 72: NASA, JPL-Caltech

Page 73: NASA, ESA, the Hubble Heritage Team (STScI/AURA), iphas

Pages 74–75: ESA, PACS, SPIRE, Martin Hennemann and Frederique Motte (Laboratoire aim Paris-Saclay, CEA/Irfu – cnrs/insu – University of Paris, Diderot, France)

Page 76: NASA, H. Richer (University of British Columbia)

Page 77: NASA, JPL-Caltech, ucla

Pages 78–79: NASA, JPL-Caltech, University of Wisconsin

Page 80: NASA, JPL-Caltech, Harvard-Smithsonian

Page 81: NASA, ESA, JPL-Caltech, Arizona State University

Page 82: ESA, Herschel, PACS, MESS Key Programme Supernova Remnant Team, nasa, esa, Allison Loll/Jeff Hester (Arizona State University)

Page 83: NASA, ESA, CXC, JPL-Caltech, J. Hester and A. Loll (Arizona State University), R. Gehrz (University of Minnesota), STScI

Page 84: NASA, ESA, the Hubble Heritage Team (STScI/AURA)

Page 86: nasa, esa, M. Livio and the Hubble 20th Anniversary Team (STScI)

Page 87: NASA, ESA, J. Maíz Apellániz (Instituto de Astrofísica de Andalucía, Spain)

Page 88: X-ray: NASA, CXC, CfA, S. Wolk; Infrared: NASA, JPL, CfA, S. Wolk

Page 89: nasa, the Hubble Heritage Team (STScI/aura)

Pages 90: NASA, JPL-Caltech, ucla

Page 92: NASA, ESA, the Hubble Heritage Team (STScI/aura)

Page 93: NASA, JPL-Caltech, University of Wisconsin

Page 94: NASA, Ron Gilliland (STScI)

Page 95: nasa, esa, the Hubble Heritage Team (STScI/AURA)

Pages 96: NASA, the Hubble Heritage Team (STScI/AURA)

Page 97: NASA, ESA, and H. Bond (STScI)

Page 99: NASA, JPL-Caltech, ucla

Pages 100: NASA, ESA, the Hubble Heritage Team (STScI/AURA)

Pages 102–103: NASA, JPL-Caltech, ucla

Page 105: nasa, jpl-Caltech

Page 106–107: NASA, ESA, SSC, CXC, STScI

Page 108–109: NASA, JPL-Caltech, University of Potsdam

Page 111: X-ray: NASA, CXC, PSU, L. Townsley et al.; Optical: NASA, STScI; Infrared: NASA, JPL, PSU, L. Townsley et al.

Page 112: NASA, N. Walborn and J. Maíz-Apellániz (STScI), R. Barbá (La Plata Observatory, La Plata, Argentina)

Page 113: NASA, ESA, F. Paresce (INAF-IASF, Bologna, Italy), R. O'Connell (University of Virginia, Charlottesville), the Wide Field Camera 3 Science Oversight Committee

Pages 114–115: NASA, ESA, D. Lennon and E. Sabbi (ESA/STScI), J. Anderson, S. E. de Mink, R. van der Marel, T. Sohn, and N. Walborn (STScI), N. Bastian (Excellence Cluster, Munich), L. Bedin (INAF, Padua), E. Bressert (ESO), P. Crowther (University of Sheffield), A. de Koter (University of Amsterdam), C. Evans (UKATC/STFC, Edinburgh), A. Herrero (IAC, Tenerife), N. Langer (AifA, Bonn), I. Platais (JHU), H. Sana (University of Amsterdam)

Page 116: NASA, ESA, D. Lennon and E. Sabbi (ESA/STScI), J. Anderson, S.E. de Mink, R. van der Marel, T. Sohn, and N. Walborn (STScI), N. Bastian (Excellence Cluster, Munich), L. Bedin (INAF, Padua), E. Bressert (ESO), P. Crowther (University of Sheffield), A. de Koter (University of Amsterdam), C. Evans (ukatc/stfc, Edinburgh), A. Herrero (iac, Tenerife), N. Langer (AifA, Bonn), I. Platais (JHU), H. Sana (University of Amsterdam)

Page 117: ESA, NASA, JPL-Caltech, STScI

Page 118: NASA, ESA, CXC, the University of Potsdam, JPL-Caltech, STScI

Pages 120–121: NASA, ESA, A. Nota (STScI/esa)

Page 123: NASA, ESA, the Hubble Heritage Team (STScI/aura)

Page 124: ESA, Herschel, pacs & spire Consortium, O. Krause, HSC, H. Linz

Pages 126–127: NASA, JPL-Caltech

Pages 128–129: NASA, JPL-Caltech, ucla

Pages 130–131: NASA, ESA, the Hubble Heritage Team (STScI/aura)

Pages 132–133: NASA, JPL-Caltech

Pages 134–135: NASA, ESA, the Hubble Heritage Team (STScI/aura)

Page 136–137: NASA, JPL-Caltech, UCLA

Page 139: NASA, ESA, the Hubble Heritage Team (STScI/AURA)

Page 140: NASA, The Hubble Heritage Team (AURA/STScI)

Page 141: X-ray: NASA, CXC, MSSL, R. Soria et al; Optical: AURA, Gemini OBs

Page 143: NASA, ESA, the Hubble Heritage Team (STScI/AURA)

Pages 144–145: NASA, the Hubble Heritage Team (STScI/AURA)

Page 147: X-ray: NASA, CXC, Huntingdon Institute for X-ray Astronomy, G. Garmire; Optical: eso, vlt

Page 148: NASA, JPL-Caltech, Harvard-Smithsonian CfA

Page 151: NASA, ESA, the Hubble Heritage Team (STScI/AURA)

Page 152: nasa, esa, the Hubble Heritage Team (STScI/AURA)

Page 155: NASA, ESA

Page 157: NASA, ESA, the Hubble Heritage Team (STScI/AURA)

Page 158: NASA, ESA, the Hubble sm4 ero Team

Page 161: NASA, ESA, E. Julio (JPL-Caltech), P. Natarajan (Yale University)

Pages 162–163: NASA, JPL-Caltech

Page 164: NASA, ESA, M. J. Jee and H. Ford (Johns Hopkins University)

Pages 166–167: NASA, ESA, J. Merten (Institute for Theoretical Astrophysics, Heidelberg/Astronomical Observatory of Bologna), D. Coe (STScI)

Page 169: NASA, ESA, CXC; C. Ma, H. Ebeling, and E. Barrett et al (University of Hawaii/IfA); STScI

Endsheets: Image 1: ESA/ROSETTA/ NAVCAM. Image 2: © ESA/ROSETTA/ MPS/UPD/LAM/IAA/SSO/INTA/UPM/ DASP / IDA. Image 3: © ESA/ROSETTA/ MPS FOR OSIRIS TEAM MPS/ UPD/ LAM/ IAA/SSO/INTA/UPM/DASP/IDA. Image 4: ESA/ROSETTA/ NAVCAM.

| 앞 표지 |

아폴로 4호가 촬영한 지구

지구의 모습이 담긴 이 사진은 1967년 4월에 발사된 무인 우주선 아폴로 4호에 탑재된 70mm 필름 카메라로 촬영한 것이다. 아폴로 4호는 NASA가 이후에 달 착륙에 사용하게 되는 새턴V 로켓의 시험 비행을 위해 발사되었다. 비행하는 동안, 우주선이 지구에서 가장 멀리 떨어진 지점인 원지점을 지나기 한 시간 전부터 두 시간 동안 자동 조작 모듈에 있는 아포지 카메라가 700장 이상의 이미지를 촬영하였다.

| 뒤 표지 |

ISS에서 바라본 지구

이 사진은 ISS에 탑재된 카메라로 지표면에서 644km 떨어진 곳에서 촬영하였다. ISS는 NASA, 캐나다 우주국, 유럽 우주국, 일본 우주 항공 연구 개발 기구, 러시아 연방 우주국 등 5개의 우주국이 참여한 협력 프로젝트이며 1998년에 시작되었다. ISS는 약 시속 27,000km의 속도로 90분에 한 번씩 지구를 돌며 이곳에서 생활하며 일하고 있는 다국적 우주인들은 45분마다 일출과 일몰을 경험한다.

커버 디자인 : Neil Egan

| 저자 |

Bill Nye

과학 교육자이자 배우, 작가 그리고 넷플릭스의 과학쇼 "세상을 구하는 사나이 빌 나이(Bill Nye Saves the World)"의 진행자이다. Bill Nye는 칼 세이건이 설립한 조직인 행성학회의 CEO를 역임하였다. 행성학회는 우주 과학, 탐사 및 효과적인 우주 정책을 발전시키기 위해 시민들을 참여시키고 있다.

Nirmala Nataraj

과학, 특히 우주론, 생태학, 분자 생물학에 대한 배경 지식을 바탕으로 과학서적을 집필 및 편집하고 있으며 사진, 건축 및 예술에도 중점을 두고 있다. 샌프란시스코 베이 지역에서 거주하며 일하고 있다.

| 번역가 |

박성래

중앙대학교에서 기계공학을, 대학원에서 디지털 · 과학 사진을 전공했다. 졸업 후 카메라 회사에서 프로 제품 전문가로 일하다가 현재는 전문 번역, 과학서적 저술 및 천문관련 강연활동을 하고 있다. 핼리혜성이 지구에 접근하던 1985~1986년부터 밤하늘에 관심을 가지게 되었고, 고등학교와 대학교에서 천문 동아리 활동을 했으며, 현재는 디지털 천체사진 동호회인 NADA(WWW.ASTRONET.CO.KR)의 회원으로 활동하고 있다. 천문 잡지 및 사진 관련 잡지에 쌍안경 관측과 천체사진에 관한 기사를 다수 연재했고, 저서로는 "천제망원경은 처음인데요"가 있다. 번역한 책으로 『나만의 DRONE 만들기』가 있으며, 「디지털카메라 화질 평가 방법에 관한 연구」(중앙대학교, 2005) 외 다수의 논문이 있다.